化学プロセスの安全 | 1

プロセスの運転安全
―解説・事故例とQ&A―

特定非営利活動法人 **安全工学会**
特定非営利活動法人 **災害情報センター** ……［監修］

岩田　稔　　若倉正英　　清水健康　　井田敦之 ……［編集］

みみずく舎

序

　化学プロセスの安全は運転，設備そして取り扱われる物質からの総合的な技術の基盤に立って成り立つものである．しかし，団塊世代のベテラン社員の退職や若者のIT志向などから現場における安全管理の基本事項が伝承されにくく，また安全を確保していくための会社や職場の風土が少しずつ崩れかけつつあるのではないかと，社会全体が心配してきているのも事実であろう．

　また平成23年3月11日の東北地方太平洋沖地震による種々の大規模な被害や予想外の事象が発生し，安全に対する不安感が大きく膨らんできている状況ではなかろうか．そのために，いまこそ現場における安全の基本とは何かを振りかえって整理し，若者へ伝承しなければと考えた．

　そこで，石油精製や化学産業など化学プロセスの現場における運転面からの安全の基本項目について，項目を整理し，Q&A方式で判りやすく説明するとともに，項目ごとに実際の事故例を簡潔にまとめた．

　まずⅠでは現場の各職場における安全の基本となる考え方やチームワーク，先輩と後輩の職場での行動や業務のあり方など職場の安全風土に係わる事項を述べた．Ⅱではプロセスの運転中における種々の作業安全のポイント，緊急時の現場対応，そして事故を未然に防ぐための仕事や作業の管理について記載した．Ⅲでは現場での工事との係わり方や安全確保のポイント，Ⅳでは設計との関係，そしてⅤでは今までの大規模地震とその被害状況，化学プロセスやタンクの耐震設計や防消火能力，今後の災害対策の提言などを解説した．

　本書は若い人たちが読みやすく理解しやすいように工夫したつもりであり，化学プロセスの現場や指導者の方々にも広く理解され，現場の安全活動に有効に活用され，化学プロセスの安全に役立てていただければ，大いによろこびとするところである．

　なお，本書の編集にご指導を戴いた東京大学名誉教授　田村昌三先生はじめ

小林光夫氏，西茂太郎氏に感謝の意を表します．

　おわりに，本書の出版にあたり企画，編集などにおいて多大なご尽力いただいた，みみずく舎／医学評論社の編集部諸氏に厚く御礼申し上げます．

　2012年5月

岩田　稔
若倉　正英
清水　健康
井田　敦之

監修・編集・執筆一覧

監 修：
 特定非営利活動法人 安全工学会
 特定非営利活動法人 災害情報センター

編 集：
 岩田　稔　　元 出光興産株式会社
 若倉　正英　独立行政法人 産業技術総合研究所
 清水　健康　旭化成株式会社
 井田　敦之　特定非営利活動法人 災害情報センター

執 筆：
 岩田　稔　　元 出光興産株式会社
 山根　英司　元 出光興産株式会社
 杉山　修二　社団法人 千葉県高圧ガス保安協会
 若倉　正英　独立行政法人 産業技術総合研究所
 清水　健康　旭化成株式会社
 臼井　修　　三井化学株式会社
 井田　敦之　特定非営利活動法人 災害情報センター

(2012年5月現在)

目　　次

I　現場の安全風土 ··· 1
　Q1　組織の安全文化はなぜ必要なのか　2
　Q2　安全の基本とは　4
　Q3　新人オペレーターの現場での行動規範は　6
　Q4　決めたことを守る職場風土　8
　Q5　チームワークの醸成は　10
　Q6　マニュアルを守る大切さ　12
　Q7　運転マニュアル作成の留意点は　14
　Q8　職場の5Sとは　16
　Q9　若手への指導のあり方は　18
　Q10　作業や点検での技量の伝承と向上とは　20
　Q11　始業前ミーティングは　22
　Q12　引継ぎの注意点は　24
　Q13　運転の禁止事項は　26
　Q14　事故事例の風化防止は　28
　　コラム：昔は機器の製作技術レベルが低かった　30

II　運転中の事故防止 ·· 31
　　―運転中の作業安全―
　Q15　反応工程での安全のポイントは　32
　Q16　仕込みや取出しの安全のポイントは　34
　Q17　混合作業も危険ですか　36
　Q18　移送にも危険がありますか　38
　Q19　貯蔵時の危険性は　40
　Q20　粉砕作業の危険性は　42
　Q21　廃棄薬品の安全な処理のポイントは　44
　Q22　研究開発での安全とは　46

- Q23　加熱炉の安全な点火とは　*48*
- Q24　逆流や吹抜けの防止は　*50*
- Q25　ドレン，ベントからの大気放出は安全ですか　*52*
- Q26　温度制御で気をつけることは　*54*
- Q27　往復動コンプレッサーの安全な運転は　*56*
- Q28　貯蔵タンクの運転時の安全は　*58*
- Q29　保護具を活用しよう　*60*

―緊急時の運転対応―
- Q30　緊急時の装置停止の考え方は　*62*
- Q31　緊急時の心構えとは　*64*
- Q32　装置の停止操作時の液移送とドレンアウトは　*66*
- Q33　緊急時のアラーム対応は　*68*
- Q34　計測や制御に乱れが生じたときは　*70*
- Q35　緊急停止設備の誤作動や不作動の対応は　*72*
- Q36　台風時の現場対応は　*74*
- Q37　非常時の対応訓練はどのように　*76*

―事故の未然防止―
- Q38　安全設備の管理は　*78*
- Q39　運転設備の点検は　*80*
- Q40　性能データの採取と管理は　*82*
- Q41　運転の変更管理のポイントは　*84*
- Q42　外面腐食の管理は　*86*
- Q43　静電気の防止対策は　*88*
- Q44　熱交や配管のフランジ漏れ対応は　*90*
- Q45　バルブの取扱いは　*92*
- Q46　配管やバルブの表示や識別は　*94*
- Q47　作業用窒素の管理は　*96*
- Q48　入出荷業務での事故防止は　*98*
- Q49　タンクローリーの受入れ・積込み作業は　*100*
- Q50　高圧ガス事故の未然防止とは　*102*
- Q51　順守すべき法令とは　*104*
- コラム：現象をよく見えるように加工・解析　*106*

Ⅲ 運転と工事管理 ……………………………………………… *107*
—現場の工事管理—
 Q52 運転中工事の役割と責任 *108*
 Q53 脱液・パージ時の危険性，注意点は *110*
 Q54 脱液・移液時の危険性，注意点は *112*
 Q55 配管の縁切りの注意点は *114*
 Q56 最終ラインアップの注意点は *116*
 Q57 運転用仮設配管などの管理は *118*
 Q58 運転中の火気工事の注意点は *120*
 Q59 運転中の重機工事の注意点は *122*
 Q60 タンク開放工事の事故防止は *124*
 Q61 運転と工事のエリア管理は *126*
 Q62 工事の施工品質確保で注意することは *128*
 Q63 運転部門の工事検収はどのように *130*
 Q64 工事後のスタートアップ準備は *132*
 コラム：赤玉，白玉論 *134*

Ⅳ 運転と設計とのかかわり ………………………………… *135*
—設計への関与—
 Q65 ライセンサー指針への運転部門の対応は *136*
 Q66 プロセス設計への運転部門の参画，関与とは *138*
 Q67 設計への要望や問題提起はどのように *140*
 コラム：事故発生の予言 *142*

Ⅴ 地震と安全対策 ……………………………………………… *143*
—地震被害と耐震設計，安全対策—
 Q68 今までの地震災害でどのような被害があったのですか *144*
 Q69 設備の耐震設計は *148*
 Q70 大型タンクの耐震設計と安全対策は *150*
 Q71 石油コンビナートの防消火能力は *152*
 Q72 東北地方太平洋沖地震の被害状況は *154*
 Q73 大規模地震想定と今後の災害対策は *156*

目　次

　　　コラム：裏マニュアル　　*159*

用語解説……………………………………………………… ***161***

索　引………………………………………………………… ***167***

Ⅰ　現場の安全風土

Question 1 組織の安全文化はなぜ必要なのか

Answer

　産業における安全文化とは，職場や周辺地域の安全を守り，安全を向上させるため，そこで働く人たちの感性や意欲，人と人とのつながり，組織のあり方など職場固有の風土のことをいう．

1．なぜ安全文化なのか
　プロセス産業では多くの事故を経験して検知警報器や圧力放出弁などの安全機器，防消火設備が備えられ安全への努力が続けられるなどの努力が続けられてきた．一方，2005年に起きた米国のテキサスシティーでの製油所の爆発火災や2007年の英国バンスフィールドの油槽所の火災では，経営者の安全に対する責任感の欠如と安全を第一とする風土の未成熟が事故の根本的な原因であると指摘された．これらの事故を契機に安全文化の重要性が認識されてきている．

2．安全文化の向上とは
　安全文化を向上させるには，まずその内容を理解し，自社の実態を評価し足りないところを見直す必要がある．安全文化は大まかに以下の8項目に分類される．

　① 組織統率
　　経営幹部が安全最優先であることを表明し，従業員と安全優先の意識を共有すること．経営者がわが社は安全第一であるといっていても，社員がその言葉を信じていないことも少なくない．

② 積極関与
　経営トップだけでなく，社員全員が安全確保に責任をもって職務を遂行する風土．
③ 相互理解
　組織が適正に運営されるため，職階や年齢などを超えて意見の交換や適正な助言を行うことのできる風土．
④ 危険認知
　現場の潜在的な危険性を認識し，事故やトラブルの芽を見出そうとすること．
⑤ 学習伝承
　安全第一を実践するための知識や現場の経験を伝承すること．
⑥ 資源管理
　安全操業のために人の配置や予算の配分などが適切に行われていること．
⑦ 業務管理
　業務が無理なく安全に遂行されていること．
⑧ 動機づけ
　働く人たちがやる気を維持し向上されること．

ポイント

◆安全文化は会社のトップから現場まで全員が共有するべきもの．
◆安全文化は自らが評価して改善すると同時に，第三者の目で見ることも必要である．
◆化学プラントでは安全文化と安全のための技術の両者が必要である．

Question

2 安全の基本とは

Answer

　化学プラントでは安全最優先の理念があり，注意深い運転思考と行動が必要である．ここではその運転現場の基本的理念について示す．

1．論理的・科学的な思考とは
　化学プラントの現場事象は原理原則に従って進行するもので，オペレーションの手順は適切で限定されたものとなる．以下に基本的考え方を示す．
　① 三現主義に徹する．
　　現場で現物を見て，現実的に考え，事実に基づいて判断し行動する．想像だけでは判断しない．
　② 勘や経験だけに頼ってはならない．
　　論理的・科学的な裏づけや確認には知識と経験の両方が大切である．そのためには，物理や化学，機械工学などの各分野の知識・技術を学び，実運転へ適用する．

2．決めたことを守るとは
　現場の多くの規定やルールは技術的変遷や失敗など過去の教訓が反映されている．「なぜか？」を問いながらルールを学び，運転マニュアルを自分たちで守り，より正しく修正・改善していく．これがやがては「決めたこと」と感じるようになり，また自分たちで決めたものは自分たちで守るようになる．
　① 決めたことを勝手に破らない，また勝手に変更しない．
　②「ルールを守る職場づくり」を企業の文化へ．

人間は本能的に簡略化や楽なことを好む．そのことがルールを破りトラブルの芽となることをチームや組織をあげて啓蒙する．

3．ストップルック，報・連・相，指差呼称など

人間の不安や迷いを感じながらの行動には事故やトラブルの芽がある．そのため，つぎのような冷静な行動が必要となる．

① 「ストップルック」の推奨

　いったん不安な状態に陥った場合，不安のまま先に進行せず，操作をいったん止め，安全と思われる状態へ復す．そしてチーム・組織で検討，確認して，全員で納得した上で業務へと向かう．

　「曖昧さの排除」を念頭に置いた活動と管理が重要である．

② 報・連・相

　操作，作業の開始から終了までの一連の行動において，行動の区切り区切りで，報告・連絡を行い，途中で迷いや異常があればすぐに相談することが安全管理のポイントである．

③ 指差呼称

　操作・作業の動作は作業前から終了まで，一動作一確認の指差呼称で安全の確認を行い，エラーを事前に撲滅する．

ポイント

◆現場・現物・現実の三つの現を重視する三現主義，決めたことを守る，ストップルックなど各企業は安全の基本的規範となる思想を定め，全員が順守することが重要である．

こんな事例が

●運転員は誰にも相談せず，ボードにも連絡せずに，液面調節器の小配管の液の出方が悪いと判断して貫通操作を行った．そのため油が突然噴出して危険な状態になってしまった．これは非定常操作作業であり，一人では許されない危険な作業であった．その結果，装置を緊急停止させてしまった．作業実施前のひと呼吸と確認を行うストップルックが必要な事例である．

Question

3 新人オペレーターの現場での行動規範は

Answer

　化学プラントの現場では，装置の運転には細心の注意が必要であるが，新人オペレーターの場合は経験や知識が不足している．一人一人が守るべき基本動作を身につけさせなければならない．

1．仕事の指示，受け方，引継ぎ，記録は
　① 命令系統
　　　新人オペレーターに対する命令系統を明確にする．いろいろな人が命令を出すと受けた新人は混乱する．
　② 指示の確認
　　　指示を受けたとき，内容がわかりにくければ質問して確かめるよう指導する．理解不足のままの操作は事故の原因となりやすい．
　③ 実行報告
　　　仕事は命令，指示に始まって報告に終わる．異常があったら直ちに報告させ，異常がない場合でも，中間報告も忘れずにさせる．
　④ ミスや悪い報告は必ずさせる．
　　　ミスや異常などが起こったとき，隠さず必ず報告をさせる．
　⑤ 引継ぎ
　　　経時的な事実・実態を正しく引き継ぐ．憶測的な引継ぎを戒める．
　⑥ 記　録
　　　メモをとる習慣をつけさせる．報告・連絡・相談が抜けなく正しくできる

ようにする.

2．仕事の実行は

① 準　備
　仕事を始めるときは，その目的を知り，実施する方法を事前に十分検討し理解してから実行するようにする.

② 正しい仕事の実行
　指示された仕事は，関係する基準類に基づき正確に実行する習慣をつけさせる．手抜きやバイパス行為をさせない．

③ 時間や期限の厳守
　チームプレーで行動しており，時間や期限を守る規律が必要である．

3．仕事に対する姿勢は

① チームの中で互いに助け合い，人間関係を壊さない姿勢を養う．
② 指示や質問，相談や依頼に対して敏速に対応する習慣をつけさせる．
③ 自らの仕事はできるだけ自分で考えてやり遂げるという決意が大切であり，最善をつくす努力が必要である．自分の仕事のPDCA（P：plan 計画；D：do 実行；C：check 評価；A：act 改善）を回すという姿勢が大切である．

◆ポイント

◆新人オペレーターにわからないことははっきり質問させ，ミスなど悪い報告は必ずさせるよう指導する．

こんな事例が

●自分が新人時代は何もかもわからなかった．
　先輩から指示されて現場に出ても指示内容が具体的に理解できず再度先輩に聞き直した．それが幾度も続き，ある日からメモをとることにした．そうするとわからないことがその場で明白となり，どう行動すればよいのか次第にわかるようになった．

Question

4 決めたことを守る職場風土

Answer

「決めたことを守る」という職場をつくるためには，トップの指導や各職場における規律やしつけなどの安全風土の醸成努力の積み重ねが重要である．そしてその結果が職場の安全文化となる．そのための具体的行動例を以下に示す．

1．運転要領，操作要領の整備は
   ① 安全で守りやすい要領や規則の制定を進める．
   ② 管理する仕組みやルールづくりとその内容を確認するチェックリストなどの整備を行う．
   ③ 現場やシステムの改造や変化には要領の改訂を必ず付随して実施し，その内容を全員に周知する．
   ④ 運転操作要領は自職場の運転員で作成・改善・改訂する．このことが要領を自分たちで守り育てることとなる．
   ⑤ 要領やそれを補完する技術資料を充実させるために，ノウハウのみならずノウホワイ（know-why，Q10）についても明記し，理解しやすい要領や技術資料を整備する．

2．守るための基本的なルールや業務前の確認は
   ① 決めた通りにできないときや不安なときは作業・操作を止め，責任者へ報告する．
   ② 始業時のツールボックスミーティング（TBM，Q12）や作業前危険予知（KY）ミーティングで，予定操作の要領や規則順守の具体的打合せを行

う.
③ オンザジョブトレーニング（OJT，Q10）の前には，基本事項の学習を行うよう指導する.

3．意識や価値観の共有化は
① 作業完遂や操業継続よりも，安全最優先での判断を優先させる価値観の醸成を養っていく.
② 技術者としての倫理を大切にする．すなわち，モラルや使命感を醸成するとともに，実施したことについて反省するなどの反復をつねに行う.
③ 管理者や先輩は要領の逸脱や規則違反を見かけたら，その場で指摘し，是正させる.

ポイント
◆決めたことを守る職場風土のためには要領類の整備，作業前のミーティングの具体的打合せ，報告・連絡のしつけなどが大切である.

こんな事例が

● ある職場ではアウトサイダーである若手オペレーターが操作前後にボードマンや直長への連絡を怠る場合が見られた．そのためシフト内で話し合い，若手オペレーターの操作前後の連絡時や作業前確認時に，直長だけでなく先輩社員が操作要領のポイントや確認事項の抜け防止事項を一声注意喚起する活動を展開した．これにより，予定通りできないことをきちんと事前連絡したり，決めたことを皆で守るという認識が一段と上がって規律やしつけにまで好影響を与えるようになった.

Question

5 チームワークの醸成は

Answer

　化学プラントの運転では，少数のシフト員による交代勤務で緊張感や多忙感が続く．それらが原因となるチームワークの乱れやトラブルが起きないように，組織的に管理することが重要である．

1．チーム内での仕事コントロールは
　シフト長は現場の実質的な最高責任者としての責任と使命による操業が委ねられており，安全最優先での仕事の調整権限も与えられている．
　① 仕事配分や担当割り振りは各人の技量・経験に応じて，仕事配分や担当を決める．
　② 仕事の優先度分けは業務遂行上，優先度の高いものから遂行する．
　　安全を最優先とするため予定業務の計画修正もある．
　③ 割込み業務や突発仕事の実施判断については，まずマニュアルにない非定常作業の場合，即実行はしない．要領，手順を定めて承認を得てから実施する．仕事量と突発業務の延期の是非はシフト長の判断事項である．

2．個人とチームの健康管理は
　① 各人は十分な休養のあと仕事に臨む．
　② 疲れや睡眠不足ぎみのメンバーを抱えての業務が時としてある．
　　そのような場合，重要な仕事は複数体制で行うとか，状態が悪い場合は，控え室で休養させる．

3．操業計画での工夫，改善・提案は

　生産調整や工事などの計画立案時，業務の負荷やリスクを十分に考慮して無理のないように計画する．必要に応じて人員増強の手立てを行う．

① 夕方のミーティングでは夜間の運転・作業の調整について管理層・日勤・シフト長の間で話し合う．シフト長は操業の検討に加わり，安全確保をベースとした判断・提言を行う．
② 夜間の重要作業や非定常操作，工事は原則として回避する．
③ 複雑な業務や操作は可能な限り昼間に集約する．
④ 経験のないトラブルや問題は担当者まかせにせず，全員で知恵を出し合い，助け合って解決し達成感を共有するようにする．

ポイント

◆シフト長はシフト全員の体調を把握した上で，安全最優先で工程・業務の割り振りや優先度を指示する．

こんな事例が

●朝のミーティングで，シフト長から「この作業はマニュアルがないため，要領・手順を検討するのでそれまでは作業を行わないように」との指示があった．それに対してあるメンバーが「他の工程が遅れる．その作業は簡単にできますよ…」と発言した．しかし，その場に居合わせた職場の責任者である課長が「工程が遅れてもいいから作業の要領・手順を十分に検討してくれ」と即座に指示し，組織としての安全最優先の価値観を明確に示した．

Question

6 マニュアルを守る大切さ

Answer

　運転マニュアルから逸脱した運転操作は安全・安定運転の信頼性を根底から覆す．人は忘れやすく，ミスを犯すが故に，運転マニュアルを全員が守るという強い意識が必要である．

1．なぜ，現場操作がマニュアルから外れたものとなるのか
　勝手に操作や作業が行われる背景にはつぎの事項が考えられる．
① 当該操作のマニュアルがないか，あっても曖昧な表現で人により解釈が異なる．
② 現場でつぎつぎと操作や作業があり，マニュアルを確認する余裕がない．
③ 忙しくて省略行為をしてしまう．
④ 過去にマニュアルとは違う手順の操作を行い，うまくいった体験がある．
⑤ シフトの長やボードマンと報告・相談・連絡がとられていない．
⑥ 始業前ツールボックスミーティング（TBM, Q12）が効果的に行われず，作業や操作が個人任せとなる．
⑦ 大丈夫という意識の慢心や面倒くささから安全手順を守らない．
⑧ 臨機応変や応用力が好まれ，マニュアルを守らないことに対し職場内で叱られたり，注意されることが少ない．

2．なぜ，運転マニュアルを守らなければならないのか
　規則や操作の標準は，過去の苦い経験や事故の反省から，見直され充実してきた．また，事故の定義もより厳密になり，そのため操作内容も見直されてき

た．要領としての基本的性格づけを以下に示す．
　① 運転マニュアルは自分と仲間を守るための指標である．
　② 失敗やトラブルの反省・教訓が盛り込まれている．
　③ 標準化されることで共同作業や引継ぎ作業でも皆が理解しあえる．
　④ 要領や規則は誰にも適用され，身分の上下や立場に左右されない．

ポイント
◆運転マニュアルで違反とされる行為には必ず背景がある．
◆運転マニュアルには過去の失敗や反省が盛り込まれており，自分と仲間を守るための指標である．

こんな事例が

● 1995年，化学工場での反応缶の爆発事故で4名の死傷者が発生し，消防職員1名も負傷した．反応缶冷却ジャケットの冷媒の抜出し時に空気圧での押しに代えてスチームで加圧したため，缶内液温度が上昇し暴走反応で缶が爆発した．反応缶には安全弁がなく，反応缶の温度は12～15℃で運転していたが，そこにスチームを流すなどの規則違反を行った．この事故では作業標準以前の規律や運転常識教育が必要であると指摘された．

Question 7 運転マニュアル作成の留意点は

Answer

　運転マニュアルは運転に携わる技術者のより所である．複数のチームが交代しても，運転が安全に安定して継続できるのも運転マニュアルがあるからである．

1．運転マニュアル作成の留意点は

　マニュアルは誰でも理解でき使いやすく，原理・原則に基づいた要領である．また操作の技術的根拠・背景は根拠となる資料や技術解説資料として編纂する．

① 運転マニュアルは分野体系に従って装置ごとに作成する．
　分野例：一般マニュアル，緊急操作，平常運転，スタートアップ，シャットダウン，機器取扱いなど
　プロセス運転方法は可能な限り具体的に，数値を入れた表現とする．
② 操作事項はステップごとの記述方式とし，ポイントや注意点を補記する．
③ スタートアップ工程のように長い期間を要する操作では要領と連動させたアローダイヤグラムを併用して作成する．また，間違いが絶対に許されない部分についてはチェックシート方式も並用して制定する．
④ 異常時の処置やアラーム管理とその対処方法と回避処置を明確に記述する．現場設備の変更時にはその都度要領の見直しを行う．
⑤ メーカーの取扱い説明書だけですませないで，自分たちの言葉として要領化を進める．
⑥ マニュアル使用開始前には作成者らが担当するオペレーターに対して，

思想や操作のポイントなどを教育する．

ポイント
◆運転マニュアルは分野体系ごとに，ステップごとの記述方式とし，より具体的に注意点や数値，アローダイアグラムも入れて作成する．

こんな事例が
● JCO ウラン加工工場での臨界事故はさまざまな問題を露呈した．国が認めた設備と方法による作業を勝手に変更し，裏マニュアルまでつくって運用していた．発災前日には作業要領を現場レベルで便宜的な方法に，安全確保の根拠のないまま安易に変更した．法を破り，安全確保の裏づけのない作業をつぎつぎと行っていく企業文化，規定基準を含めた決めたことが守れない職場風土，変更管理の皆無な状態など社会に大きな問題を投じた．

8 現場の5Sとは

　化学プラント現場の大半は風雨にさらされる屋外型であり，現場の5Sはよく問題になる．5Sは運転現場の宿命であるが，それは現場の大切な安全基盤だからであり，自分たちの5S活動を行うことが重要である．

1. 5Sとは
① 5Sとは整理・整頓・清掃・清潔・しつけであり，現場の基本事項でもある．
　運転現場でいう設備の5Sとは目的意識を明確にして行う現場の管理活動であり，オペレーター自らが中心となって行ってこそ，価値を生むものである．
② 現場のあるべき姿を論議し，実施する内容・レベルを設定する．
　設備に対して何が必要か，自信をもって設備を管理するため，何をどこまで実施すべきかを話し合うことが大切である．
③ 5Sは安全の基盤である．
　皆で意識をあわせ，徹底して5Sを行うことは，安全基盤の「基本を守る」「正しく決めたことを皆で必ず守る」ことに強く関係する．

2. 5S活動の仕方は
　5Sは安全文化や職場風土の体質改善もかねて取り組むべきものであり，事業所，協力会社の関係者が一体とならなければとても浸透できない．しかし，その起動力は管理者を含めた運転課員の挑戦から生まれる．

① 活動当初はエリアを選び，ステップ活動
　5S活動を広い現場全てを一律にコツコツ実施するのではなく，限定したエリアで数カ月かけて5Sを始めることがコツであり，次第に不具合の発掘や発生源対策に自然と向き合うこととなる．
② 全員参加で活動
　5Sは安心できる設備，安全な職場にするためのベースとなる活動であるという認識は，職場全体の価値観となる．
③ 「知らせてくれる現場づくり」へ
　ピカピカにすることはあっても，それは目的ではない．点検しやすく，異常がすぐにわかる「見える化」の作業により，それを維持管理することが目的の一つである．

ポイント

◆ 5S活動は広大なエリアを綺麗にすることではなく，オペレーターが自ら話し合って何を行うかを決めて実行することが大切である．

こんな事例が

● 回転機や基礎床の「乾いた床をめざした」5S活動を繰り広げている職場で，液滴跡から，配管漏れや空冷式冷却器チューブの微少漏れ，回転機のカップリング異常や軸受けオイルシール漏れなど異常の早期発見に数多く成功している．また，運転課のみならず，保全部門や協力会社も仕事エリアの5Sに努力する姿があり，運命共同体的な連携や信頼感に繋がってきた．

Question

9 若手への指導のあり方は

Answer

　若手オペレーターに対する現場での指導はそれぞれの個性を認めながらも，プラント現場での危険性を十分に認識させて育成しなければならない．そのための基本的な，望ましい指導のあり方を以下に示す．

1．あるがままでまず認めよ
　化学プロセスでは，運転思想も安全や環境を重視し，操作の失敗も許されない．そのような現場に突然参加してきた若手社員の戸惑いを理解し，未熟で知識不足なまま何とか頑張っているそのままの姿を受け止め，認める姿勢が周りには必要である．

2．暗記させるな，馴れさせるな，理解・納得させよ
　「何のために」「なぜ，どうして」と時間はかかっても理解させることが重要である．理由や目的などを理解させ納得させることが，後々の成長に弾みがついてくる．疑問を出させ，その疑問に必ず答えるようにする．

3．基本事項，基本原理の理解は段階を考えて接せよ
　初期には本人の安全を確保するためにも点検も含め，基本事項をまず教え込むことが必要である．また，科学的・論理的な原理原則に基づいた単位操作を理解させることも大切である．運転操作の理解にもステップがあり段階を追ってレベルに応じて教えていく．

4．相手に語らせよ
　なぜ理解できないのか自分でもわかっていないことが多い．何がわからず，

何が不安か，繰り返し聞き，語らせることが効果である．そのことが相互理解と信頼感にも繋がる．

５．考える力・学ぶ習慣を引き出し，動機づけながら指導せよ

答えを一方的に教えても応用が効かない．ポイントを教え考えさせるようにする．学ぶ習慣をつけることが肝要である．

６．職場全体，事業所・会社全体で育てよ

後輩の指導は担当の先輩社員やシフトメンバーだけの仕事ではない．職場教育や全体集合教育も織りまぜ，身近な同期との触れ合いなどの相互啓発の仕組みも有効であり，本人の特性にあわせた仕事の課題を与えて指導することが重要である．

７．慎重に経験・体験を計画・実施せよ

装置停止や特殊操作などの日常ではめったにしない操作などは，勤務をやりくりしても経験させる．

ポイント

◆若手には，個性を尊重し，自ら学び，経験していくよう職場全体で工夫して育成していくことが大切である．

こんな事例が

●硫化水素製造設備の運転を開始したところ除害塔で警報が発生した．だが，教育期間中の運転員にボードで一人操作を行わせており，警報に対してリセット操作は行ったが，上席者への報告もなく，初期対応が遅れて硫化水素が放出管から大気へ出てしまった．教育期間中の新人が行う運転実務では上席者とマンツーマンで行わせることが大切である．

Question
10 作業や点検での技量の伝承と向上とは
Answer

　新人を含め，オペレーターを一人前にするための技量の向上が安全確保の上で重要である．ここでは技量の伝承と向上について述べる．

1. 操作，運転技術での伝承は
　個人の特性には長所も短所もあり，得手不得手を確かめ，チームとしての総合力で安全操業を継承していく姿勢が大切である．
　① 運転操作の標準化
　　安全の確保，操作目的の達成のためには各種操作を標準化し，個人のやり方が違わないよう統一し，整合性を図る．
　② 経験の蓄積と訓練
　　必要な技術や必要な運転スキルについては，業務の中で運転員に公平な経験を積ませ，レベルを上げる工夫をしていくことが重要である．新人には指導者をつけて取り組ませるなど，技術の伝承を図る．
　　また装置型プラントでは，運転シミュレーターなどによる訓練を行い，技量のレベルアップを図る．
　③ オンザジョブトレーニング（OJT）での技能伝承
　　ベテランが長い現場から蓄積した知識や技術，技能は「暗黙知」と呼ばれる．これは言葉では表現しにくい知識であり，経験の反復によって習得されるものである．
　④ ノウホワイ（know-why：なぜそのように決められたか）の理解と技術資

料の整備

経験だけで判断するのではなく，論理的に原理・原則に従い業務を進める必要がある．そのためには技術資料の整備と背景となるノウホワイを明確に示すことが必要である．

2．機器や設備の点検作業などでの伝承は

近年，機械の信頼性が向上し，診断システムなど機械による状態監視が定常化してきている．しかし，異常の有無を的確に判断するための，五感のスキル向上の努力も重要である．

① 設備・機器の構造や原理の理解と点検ポイントの具体化と明文化
②「目で見る管理」など点検ポイントの「見える化」などの推進

ポイント

◆作業・点検の技量伝承は標準化とともにオンザジョブトレーニング（OJT）やノウホワイ（know-why）教育が大切である．

こんな事例が

● 1994年，エチレンイミン製造装置で保温用ヒーターの操作を誤り，空の加熱器のヒーターに通電したため，過熱し熱媒体の火災となった．
指示書の機器番号が間違っていたのが間接的な原因であるが，直接原因は機器名称を確認せず，また警報が発生したのに対処しなかったことである．作業内容・装置状況を理解せず，指示番号だけ鵜呑みにしたノウホワイ欠如の行動，警報に対する勝手な判断などが問題とされた．

Question

11 始業前ミーティングは

Answer

　化学プラントにおいては，運転操業を行いながら非定常作業，保全作業などを実施したり，生産計画の突然の変更，機器の変更などといった変化のほか，反応や機器の通常運転条件からのずれといった異常の発生もある．これらを作業関係者に伝達，周知するとともに安全対策の徹底を図り事故，トラブルを防止することが重要である．

1．始業ミーティングの実施内容は

① 職長，シフト長あるいは現場担当係長といった責任者を中心に始業前あるいは前直からの引継後に当日（当直）の作業関係者全員を集め，短時間で下記に記す項目について確認，調整を行う．

② 報告は，当日（当直）の作業や変更点などについて担当各人がポイントについて手際よく行う．

③ 責任者は，状況の確認，変更による影響と調整，必要に応じ各作業の危険予知の実施や安全上の調整と許可，非定常作業や保全作業の確認・調整・許可などを行う．
　さらに，安全指示や安全唱和による安全の念押し，各人の体調確認などを行い安全衛生上の確認も行う．

2．始業ミーティングで実施すべき項目は

① 運転状況，製品品質状況の把握，ずれや異常の確認と対応

② 設備の問題点，要補修対応項目の把握と対応

③ 当日（当直）の運転，保全，定常・非定常作業などの計画と変更点の確認およびその他危険作業の内容を把握する．
必要に応じ各項目の危険予知と安全対策を指示し，各作業の交錯防止と安全調整を行う．
④ 当日（当直）の注意事項の伝達，安全指示や安全唱和などの安全念押し，服装・保護具の確認，作業メンバー各人の顔色確認，作業前体操などの安全衛生上の項目を必要に応じ実施する．

ポイント

◆関係者全員（運転，保全，包装・出荷，生産管理，品質管理など関係する業務の担当者）が集まり，情報の共有と安全の確認を行う．
◆責任者を中心に当日の作業，業務内容の把握と調整を行う．
◆責任者は，当日の全ての定常・非定常作業，保全作業などを把握し，計画内容，危険予知，安全対策，交錯防止などについて確認と指示を行う．

こんな事例が

● 2009 年，ボイラーの補給水ポンプの補修後の取付けを予定し，事前に危険予知を行っていた．当日の作業担当者は始業ミーティングに参加せず，危険予知内容も把握せずに勝手に準備作業を開始したため，危険予知であがっていた漏れ込み熱水により火傷を負った．

Question
12 引継ぎの注意点は
Answer

　プラントの運転では引継ぎの失敗が事故の原因ともなる．チームとして精魂こめて運転したプラント全体をつぎのチームに引き継ぎ，安全運転を継続させることの意味づけを全員が理解し行動する必要がある．

1．引継ぎの主な内容と留意点は
① プラントの現在の状態や事実，勤務中の出来事，経緯を引き継ぐ．
② 次シフトや職場全体への注意事項，伝達事項を明確に伝える．
③ 運転中のプラントを過渡状態や中途半端な状態では引き継がない．
④ 記録や文章として引き継ぐものと，口頭で補足するものがある．重要事項は記録で引き継ぐ．
⑤ 引継ぎ時間は概ね 15～20 分が妥当である．必要十分事項を的確に引き継ぐことが肝要であるが，時間管理も大事である．
⑥ 複雑なものは図面などを使って要領よく，間違えず引き継ぐ．
⑦ 引き継ぐ側もされる側も全員が揃って行う．
　時間帯によってシフトの引継ぎには日勤の運転・設備・安全・システムの担当者も適時立ち会う．朝一番の引継ぎには課長以下の課員全員や保全部門の担当者も立ち会う．

2．仕事の進行は
① 仕事開始のツールボックスミーティング（TBM）
　全体と個別引継ぎをへて，チーム全員で TBM に臨む．

引継ぎでの重要事項，本日の作業予定と担当の配分，運転や生産・工事の予定などをチームで確認する．

情報を共有化し業務量の調整や分担，延期・相互支援を行う．

② 中間の仕事進行

運転の現場では重要事項をリアルタイムで管理する．何かあればチームでバックアップ，対応にあたることが重要である．

チームは能力バランスを考慮した組合せで編成しており，チームでの業務遂行が困難と判断すれば作業計画の修正を行う．

③ 引継ぎ前ミーティング

自分たちの仕事を確認し，何を引き継ぐか，心配事項などを共有化する．全力を傾けたプラントの現場運転を丸ごと引き継ぐための配慮は大切となる．

ポイント

◆引継ぎはプラントの状態と事実を正確に伝え，留意点は記録か文章，図面で引き継ぐことが大切である．

こんな事例が

● ある化学工場のトリメチルインジウム装置で，バルブ開閉状況を引き継ぐときに正確に伝達していなかったため，空気が逆止弁（チェッキ弁）から混入して爆発し，人身事故が起きた．

Question

13 運転の禁止事項は

Answer

　プロセスの現場において安全ルールは種々あるが，運転操作や現場作業において絶対行ってはならない事柄について下記に示す.

1．職業人としての安全ルールは

　プロセス産業の現場に従事する者は，よりよい製品をつくり送り出して社会に貢献すべく，一生懸命勤務している．その前提として，職場における正しい作業の方法や職場で働くルールを定め，守ってきた．現場での大きな安全ルールとしては，以下の前提事項がある．

・服装，身だしなみ
・整理，整頓
・安全作業，安全な操作
・保護具の着用

これらの前提があってこそ，安全で安定した操業が可能になる．

2．運転の禁止事項は

　プロセス現場での操作や作業においては，過去多くの先輩がいろいろな経験をしたり，無意識に間違った作業をしたために尊い命を失った事故もあった．
　そのような苦い経験からプロセスの運転現場における禁止事項を各企業が定め，オペレーターをはじめ従業員全員が守るべきルールとして運用している．法律的な内容は当然守るべきもので，また操作手順や操作要領に操作・作業内容などを明記しているが，特別に禁止事項として強い意識の下，徹底のために

定めているところが多い.

プロセス現場における代表的な運転の禁止事項の例を以下に示す.

① ドレン，ベントなどの詰まりを針金などでつついてはならない

　ドレン弁などでの詰まり事象は多く，以前は弁を開けた状態で針金でつついて熱油やガスが噴出し火災や火傷などの事故があった.

　詰まった場合は水押しポンプなどを接続した状態で逆押しして貫通させるなど安全対策が不可欠である.

② 加熱炉の点火は各バーナーの元バルブが閉まっていること，炉内にガスがないことを確認しないで点火してはならない

　プロセス現場ではいまだに加熱炉内の爆発事故が絶えない. 確実に炉内に可燃性ガスがない状態にしてからでないと点火してはならない.

　事例として元弁のダブルバルブの一つを全開にしてもう一つを全閉にして順次点火していたときに，閉のバルブが実は漏れていて大爆発した事故があった.

③ 油，ガスのドレンはアースボンディングさせた金属製容器以外で受けてはならない

　静電気の帯電によりスパークで着火することを防ぐためである.

　ドレンだけでなく，タンク屋根上からのサンプル容器でナフサなどを資料採取するときも同様な事故が多く発生しており，帯電防止対策をした採取器，導電性の紐，人体除電などが必要である.

④ 毒劇物，熱油などの取扱いは指定された保護具を着用せずに行ってはならない

　硫化水素，熱油，有害な化学物質などのドレンアウトやサンプリング，スチームパージなどの作業で数多くの事例が発生している.

　必ず，顔面シールドや空気ボンベ（ライフゼム）など指定された保護具の着用が不可欠である.

ポイント

◆禁止事項は職場でつねに唱和し，職場の規律を守ることが大切である.

Question
14 事故事例の風化防止は

Answer

事故事例を風化させないためには，つぎの2点が重要である．

1．発生した事故への対応は
　事故事例を風化させないための第一は，発生した事例への対応（原因究明，報告書作成，水平展開，データベース化）を適切に行い，十分に解析された事故報告書を後世に残すことが重要である．

① 事故原因の解明
　事故原因の解析は，要因解析図を使用するなど一次原因だけではなく，二次，三次原因など深層原因まで十分に解析し，必要な対策をとる．

② 事故報告書の作成
　事故の概要，原因，対策を事故報告書としてまとめる．

③ 類似箇所への水平展開
　事故を起こした設備だけでなく類似の危険箇所がないか調査し，問題箇所に対しては，水平展開として対策を実施する．

④ 事故報告書のデータベース化
　社内の事故報告書を一括管理し，データベース化し，誰でもがいつでもアクセスできるようにすることが好ましい．データベース化が難しい場合には，紙ベースでもよいが，事故報告書が逸散しないように管理する必要がある．

２．事故事例の風化防止対策は

　集められた事故事例は，過去の貴重な財産であり，これを後世に伝承していくことが重要である．事故事例の風化防止策の例を以下に記す．

① メモリアルデーの創設

　過去に工場で発生した重大事故の発生日をメモリアルデーとして設定し，工場長の講話，事故事例の紹介，非常時訓練などを行い全従業員に事故事例の風化防止を行う．

② 過去の事例集の作成と教育

　社内事例でよく起きている再発型の事例を集め事例集を作成し教育する．特に，各事例から導かれた「教訓」を明確にすることが重要である．社内外の歴史的転機となった事例を事例集として作成し教育する．職場安全衛生会議で読み合わせを実施することも有効である．

③ 社内報などへの「事故事例の掲載」

　過去の事故事例を，事故の被害にあわれた関係者のコメントなどをいれて社内報に掲載し紹介している例もある．

④ 新設・改造時のリスクアセスメントでは，関連する事故事例を参照

　関連する事故事例を参照し，必要な対策をとるように要領化している企業もある．

ポイント

◆事故事例集は，誰でも，いつでも参照できるようにする．
◆事例は，A4判1，2枚程度に簡潔にまとめ，「事故概要」「事故原因」「教訓」を明確にし，事故写真，フローシートも必要に応じ挿入する．
◆繰り返し教育する．

こんな事例が

●事故の風化防止には各社いろいろな取組みがなされているが，ある化学会社では保安技術の部署のものが定期的に各事業を巡回して，自社の事例とその教訓や再発型事例などについて教育と話し合いを継続的に行っている．

コラム：昔は機器の製作技術レベルが低かった

1970年代，新製品開発担当として高圧法ポリエチレンの製造プラントを使って各種の新グレードの開発・試作を行っていたが，あるとき，運転可能圧力の上限付近まで上げて試作を開始したところ，超高圧ベッセルが割れてガスが噴出して大爆発を起こした．その後の調査で，ベッセル金属部材中の微小非金属介在物が起点となって割れが発生したと判明した．あの頃は超高圧用機材の製造技術レベルも低かった．こういった事故を経験しその反省を積み重ねて技術レベルが向上していったのですね．

Ⅱ　運転中の事故防止

Question
15 反応工程での安全のポイントは

Answer

　反応工程で潜在危険性が高いのは，発熱を伴う反応であり，反応熱の制御や異常時の対応が重要である．また，反応では種々の可燃物が使われるため，その安全な取扱いも求められる．以下に反応を安全に行うポイントを示す．

1．危険性の高いバッチプロセスとは
　反応器はバッチ式と連続式に大別できる．前者は原料を一括して仕込むことが多いため，容器内で想定外の発熱や圧力上昇などがあると，安全に反応を終わらせることが難しい．反応条件をきちんと設定し，温度や圧力の監視を怠らない．
　また，異常反応が起きた場合，異常の程度により対応をとるべきポイントを決めておく．

2．注意すべき反応とは
　発熱量が大きい反応や，危険性の高い物質が生成する可能性がある反応には特に注意する．このような反応では不純物の混入，冷却装置や撹拌装置の停止が事故の引き金になることが多い．
・発熱量が大きい反応：酸化，ニトロ化，スルホン化など
・生成物や原料が危険な反応：ジアゾ化，ニトロ化，水素化など

3．異常な反応が起きたら
　多様な化学物質をさまざまな条件で取り扱う反応工程では，想定外の現象が起きることがある．そのために緊急冷却装置や緊急排出装置がついているもの

も多い．担当者があわてず適切に対応することが肝心である．

4．反応器の仕込み，抜出しにも注意が肝心

反応容器に原料や溶剤を仕込むときや反応器からの製品の抜出し中の火災が少なくない．原因の多くは静電気の発生で，可燃性蒸気だけではなく粉体の取扱いが事故になることもある．アースなどの静電気除去対策により事故の防止は可能である．

ポイント
- バッチ反応では反応の危険特性を理解し，注意を怠らない．
- 原料の仕込みや，製品の抜出し中の火災に注意する．

こんな事例が
- 1976年にイタリアのセベソの化学工場で起きた合成反応中の事故では，異常反応でダイオキシンが生成して大気中に放散され，工場周辺の多くの市民がダイオキシンに被爆した．反応の危険性評価が不十分だったこと，運転員が決められた手順を守らなかったことなどが，歴史的な大事故の原因となった．
- 1982年，AS（アクリロニトリルとスチレンの共重合）樹脂製造工程において，停電が発生しバッチ重合反応器の撹拌が停止したために暴走反応が起きた．その高温により発生したガスが排気ダクトで爆発し，全工程停止した．続いてその翌日に当該重合反応器に仕込むため，モノマーと重合開始剤を調整・混合し長時間待機させておいた上流の混合槽内で暴走反応が発生し，激しいガス漏れに続き大爆発が起き死者6名，近隣住民を含む207名が負傷した．

Question 16 仕込みや取出しの安全のポイントは

Answer

容器に溶剤や粉体を仕込んだり，取り出すとき，また小型容器などに小分けするときにも，火災や爆発が起きやすいことを認識して作業する必要がある．

1．容器に充填するときの注意点は

反応器や貯槽に溶剤や粉体を充填する場合，静電気が帯電しやすく粉じん爆発の危険性がある．適切な除電を行い，必要に応じて粉体を顆粒状にしたり，仕込みの前に粉体を液体に溶かしておくなどの前処理も有効である．

2．抜出しで注意すべき点は

液体を容器から抜き出すときには液体が帯電し，静電気着火が発生しやすい．揮発性の液体の場合アースによる除電を徹底することが必須だが，抜出しの流速を遅くしたり，アースの難しい場所では不活性ガスでの置換も考慮する．

3．小分け時の要注意ポイントは

液体の小分けも静電気が発生しやすく丁寧な対応が求められる．また，小分けは人による作業のため作業者の帯電防止も必要である．

ポイント

◆充填や抜出し時には静電気が起きやすく除電が必要である．
◆粉体の舞い上がりや溶剤蒸気の発生に注意する．

こんな事例が

- 医薬品中間体をステンレス製の反応器で溶解混合させるため，酢酸エチルを仕込んだ後，粉体試料を投入中に反応器内で爆発，火災となった．事故当時反応器空間部は，酢酸エチル蒸気が爆発下限界以上であったとみられ，粉体容器の内装ポリ袋と粉体の摩擦により静電気が発生し，引火したものと推定された．
- 反応終了後の合成樹脂塗料をキシレンに溶解した後，フィルターを通して抜取り中に，ドレン弁付近で火災となった．液体受け用漏斗付近で静電気火花が飛び，着火したものと推定された．工場建家を半焼した．
- 溶剤のトルエンをドラム缶から18リットル容器に，ポータブルポンプ（防爆型）で小分け作業中に，静電気スパークで蒸気に着火した．ポンプ自体にはアースされていたが，小分け容器にアースがつけられていなかった．実験室でもメタノールやトルエンなどの可燃性溶剤をホースで移送中に火災となる例は少なくない．

Question 17 混合作業も危険ですか

Answer

混合は化学工場での必要不可欠のプロセスだが，複数の物質が混ざることによって，想定外の事故が起きることがある．

1. 混合時の危険は

事故が多いのは液体の混合であるが，粉体の混合でも事故が起きることがある．それらの危険要素と安全のポイントを紹介する．

① 誤混合による危険

酸化性物質と可燃性物質の混合では大きな発熱や発火の危険がある．過塩素酸塩，塩素酸塩などの酸化性固体と過酸化水素などの酸化性液体は特に危険性が大きい．また，硫酸と硫化物の混合による硫化水素の発生など，有害物が発生する組合せにも注意が必要である．

② 自己反応性物質や重合性物質の場合

自己反応性物質や重合性物質に，さびや水，酸やアルカリなどの不純物が混入すると，想定外の分解や大きな発熱の危険性がある．これにより容器が破裂して内容物が噴出して火災となることもある．

③ 粉体の混合時には静電気が発生し，粉じん爆発が起きやすい．

2. 混合時の安全対策は

混合時の事故原因の多くは誤操作や，取り扱う物質の混合危険性に関する情報不足などがある．マニュアルの整備や事前の危険性評価が事故の防止に有効である．

ポイント
◆誤混合防止のためのマニュアルや事前調査を実施する．
◆粉体の混合では静電気に注意する．

こんな事例が

◉低レベル放射性廃棄物を処理するため，硝酸ナトリウムを主成分とする水溶液の水を蒸発させて，アスファルトに練り込む工程で加熱温度を通常より高くしたために発火し，くすぶり燃焼により発生したガスに着火して爆発した．可燃物と酸化性物質の混合加熱の危険性を認識していなかった．

◉メタノールと水酸化ナトリウム混合液にニトロクロロベンゼンを滴下する工程で，撹拌機が停止した状態で滴下を継続し，その後撹拌を開始したために反応が急激に進行して温度が上昇し，内容物の分解爆発を引き起こした．この事故で69名が負傷した．

◉半導体研究施設で水酸化ナトリウム水溶液を，トリクロロエチレンの入ったタンクに誤投入したため塩素が発生し，職員が中毒になった．

Question

18 移送にも危険がありますか

Answer

　化学プラントでの化学物質の移送では気体，液体，固体ごとにさまざまな危険性がある．それぞれの主な危険性と安全上のポイントを紹介する．

1．移送方法は
化学プラントでの物質の主な移送方法を以下に示す．
　① 気体の移送
　　移送する設備間の圧力差による場合，弁の開放によって移動させ，低圧や同圧力からの移送はコンプレッサーやファンなどを使用する．
　② 液体の移送
　　一般に高所からは重力を利用し，低い場所からはポンプによるか，加圧により移送する．
　③ 粉　体
　　気体とともにブロアー（送風機）で移送する場合，液体と混合してスラリーとしてポンプで移送する場合が多い．

2．移送の危険性は
　① 気体移送では引火性ガスや有毒ガスの漏洩と，可燃性ガス輸送では外部からの空気混入による火災も起きている．
　② 液体では腐食による配管の減肉開口が漏洩原因となる比率が高い．
　③ 粉体の空気輸送では物質の種類や粒度によって粉じん爆発の危険がある．
　④ 可燃性物質や有害物質，高温物質の移送では，漏洩が事故の原因となる．

3．移送での安全対策は

① 可燃性の気体や樹脂からの粉末では窒素による輸送が望ましいが，その場合は空気混入の検知が必要である．やむをえず空気による圧送や吸引で気体や粉体を輸送する場合は静電気対策が必須である．
② 気体や液体の移送ではバルブ操作での漏洩が多く，ヒューマンエラーの防止のための教育や漏洩時の対応マニュアルを整備する．
③ 配管の腐食や劣化を定期的に検査する．
④ 取扱い物質の事故事例の調査や危険性の事前評価を行う．

ポイント
◆移送に漏洩はつきものであり緊急時対策の整備が必須である．
◆配管や弁では腐食や故障が漏洩の主原因である．

こんな事例が

●エタノール製造装置のエチレンを主成分とするリサイクルガスを移送する高圧配管からエチレンガスが漏れて，爆発，火災となった．水分を含んだ気液混相流が高速に流れていたため，腐食が進んでいた．
●ドラム缶を空気で加圧してテトラヒドロフランをタンクへ移送していたときに，突然ドラム缶が爆発して火災となった．除電が不適切だったため，静電気火花によりドラム缶内の可燃性混合気に着火爆発したとみられる．

Question
19 貯蔵時の危険性は

― Answer ―

　貯蔵は他の化学プロセスと比べて大量の危険な物質を取り扱うため，いったん事故が起こると，大事故に発展する可能性が高い．

1．貯蔵時に注意すべき危険物は

　貯蔵で火災や爆発に注意すべき物質としては，固体ではゴムやプラスチック，そして石炭など，アルミニウムなどの金属や火薬・爆薬類，液体ではガソリンや重油，過酸化水素のように分解しやすい物質，そして可燃性ガスなどがある．それぞれの安全上のポイントを示す．

2．固体貯蔵時の安全は

　多くの固体可燃物は比較的引火しにくいが高い燃焼熱があり，火災が発生すると消火が困難であるものが多い．そのため多量の可燃性固体の貯蔵場所付近では，火気作業に注意するとともに着火源となる物質を置かないことが重要である．サイロなどの粉体の貯蔵施設では静電気着火に注意する．

3．液体貯蔵時の安全は

　液体の多くは気化しやすく容易に引火するため，可燃性液体のタンクなどの場所付近では，漏洩に備えたガス検知器や防消火設備を設置するとともに，原則として火気作業は禁止する．毒性のある液体が漏洩するとその蒸気によって被害が施設周辺に及ぶ危険がある．漏洩防止だけでなく漏洩物を無害化するための設備も考慮する必要がある．

　過酸化水素などの自己反応性物質や重合性物質の貯蔵では，発熱や分解を誘

発するさびや不純物の混入防止に配慮する．

4. 液化高圧ガス貯蔵時の安全は

　液化された高圧ガスは漏洩すると大量のガスが発生することになり被害が一気に拡大する危険性がある．漏洩初期の検知警報や漏洩ガスの燃焼処理などにより被害拡大防止を図る．

ポイント
- 取り扱う物質の危険性に関する教育が必要不可欠である．
- 事故時の対処法について手順書を作成し，十分に把握する．
- 液体や高圧ガスの貯蔵では漏洩の検知設備が不可欠である．

こんな事例が
- 多量のタイヤの堆積貯蔵場所付近に燃えやすい発泡剤が置かれ，しかもその近傍で火気作業をしたために火災となった．効果的な消火が難しく長期間燃え続けた．
- 倉庫会社の敷地内に野積みされていたドラム缶入りニトロセルロースが発火，爆発して，100名以上の消防隊員が重軽傷を負った．
- 猛毒のメチルイソシアネートが貯蔵タンクから漏洩して，数万人の市民が死亡した．

Question
20 粉砕作業の危険性は

Answer

　固体は粉砕によって表面積が大きくなると，粉じん爆発や火災の危険性が増大する．また，粉砕機の多くは高速の回転機械で，挟まれや巻き込まれ事故が起きやすい．

1．粉体の危険性は
　破砕作業によって粉体の粒度がミクロンオーダーとなると，破砕作業中やその後の取扱いで爆発や火災を起こすことがある．過去の事故例を調べ，作業によって発生する粉じんの危険性を測定しておくことが望ましい．アルミニウムやマグネシウムなどの金属粉体の事故はよく知られているが，最近はジルコニウムやタンタルなど特殊な金属の事故も発生している．

2．粉体の危険性評価は
　粉体の爆発危険性は物質の種類や粒度によって異なる．舞い上がった粉体が着火する最低の電気エネルギー（最小着火エネルギー）を測定することによって，潜在危険性を把握することができる．

3．破砕作業の安全対策は
　破砕作業では以下の点に注意する．
① 破砕作業現場では思わぬところに粉体が堆積していて，二次爆発を引き起こす例が多いため，日常的な清掃と，ダクトなどを含めた作業場全体の定期清掃が必要．
② 製造された粉体の移送や貯蔵では静電気対策が不可欠．

③ 静電気の発生が除去できない施設では，不活性ガスで置換し，外からの空気の侵入を防止．
④ 破砕工程での挟まれや巻き込まれ防止には，点検作業中に間違っても作業スイッチが入らない，破砕機の回転部に近寄ると自動停止するなどのフールプルーフ機構の導入が効果的．

ポイント
◆破砕作業では現場の清掃に心掛ける．
◆静電気対策を忘れずに実施する．
◆挟まれ，巻き込まれ防止対策を実施する．

こんな事例が
● 成型用フェノール樹脂を粉砕中に，集じん機内の粉じんが爆発した．原因は粉砕機のベアリングの過熱によって，粉砕微粉がくすぶった後発火し，その火炎で爆発した．
● 精糖工場で砂糖粉が爆発して8人が亡くなった．この事故では安全管理における経営者の責任が問われることになった．
● 合金粉砕品を篩分設備の中間タンクに投入している際，内部をアルゴンで置換しなかったため，タンク内で静電気による粉じん爆発が起き，従業員が重傷を負った．

Question 21 廃棄薬品の安全な処理のポイントは

Answer

　研究開発や操業，メンテナンス終了後の化学薬品を廃棄ではさまざまな事故やトラブルが起きており，以下の点に配慮する必要がある．

1．化学薬品の安全な廃棄の責任は

　化学薬品にはさまざまな危険性が内包されていることはよく知られている．製造時に注意していても廃棄されるときには"所詮ゴミだ"との意識が働いて，不注意に取り扱われることも少なくない．薬品の適切な取扱いは製造者にとって重要な社会的な責任である．

廃棄における注意事項は

① 化学物質の廃棄処理は専門業者に委託することが多いが，物性を明示しないで業者に渡すと処理中の事故の原因となることがある．物質安全データシート（MSDS）などを添付する．
② 処理事業者らの有害物の不法投棄は排出者も処罰の対象となる．
③ 薬品の廃棄では複数の物質が混合されるため，誤混合による発火や有害物の発生による事故が少なくない．廃棄する物質の混合による危険性を調べておく．特に中和は発熱反応であり，有害物が発生することも多い．誤混合を防ぐためには，ラベルを貼るなど廃棄する薬品名を明示する．
④ 固体や粉体の廃棄物を堆積しておくと蓄熱火災や粉じん爆発の原因となることがある．
⑤ 廃棄物の取扱いは非定常作業が多く，自社で処理する場合，有害物の発生

や発火などを想定し，作業マニュアルや緊急時対応マニュアルを作成し，安全教育も行う．

ポイント
- 廃棄物の不法投棄では排出者も処罰の対象となる．
- 化学廃棄物の排出時には性状や危険性を必ず添付する．
- 廃棄では薬品の混合による危険性に注意する．

こんな事例が
- 安全性を高めるため28％に希釈した過酸化水素含有廃液を積載して，道路を走行中のタンクローリーが突然爆発した．通常の取扱いでは安全な濃度だったが，事故直前に運んだ塩化銅がタンク内部に微量残留していたため，これが触媒となり過酸化水素が徐々に分解して爆発した．
- 研究所で廃棄されたオキシ塩化リンの容器に，他の研究員が内容物を知らずに水を入れたため突然爆発した．

Question
22 研究開発での安全とは
Answer

　化学工業の研究開発では物性が未知であったり，反応性が高い物質を使うことが多く，また操作手順も確立されていないためさまざまな事故が発生する．研究開発を安全に進めるためのポイントを紹介する．

1．研究開発中の事故は
　化学物質を使用した研究開発では，以下のような事故が起きている．
　① 火災や爆発
　　　自己反応性など高い潜在エネルギーをもつ物質の取扱い中の爆発
　　　可燃性物質による火災，爆発
　　　反応実験での火災，爆発
　　　蒸留中の分解性物質の濃縮による爆発
　　　酸素による事故
　② 有害物との接触
　　　有害物質の取扱い中の漏洩や誤混合による有害物の発生
　　　医薬系では男性（女性）ホルモンの吸入も危険
　③ 実験用の器具や設備による事故
　　　ガラス製器具の破損
　　　分析機器，動力機器による感電
　　　エックス線やレーザ光による眼の損傷

④ 保管中の事故

有機物の長期保管での過酸化物生成や，冷蔵庫内での可燃物の漏洩爆発
⑤ 廃棄作業中の事故

混合による発火や有害物の発生，有害物の漏洩

2．研究開発を安全に行うためには

主要なポイントを紹介する．
① 試料の危険・有毒性，反応・混合危険性の事前調査
② スケールアップは潜在危険性が大
③ 誤使用や誤混合防止のための薬品瓶のラベリング
④ 高電圧機器やレーザ，エックス線装置などの操作手順のマニュアル化
⑤ 適正な安全保護具着用の義務づけ
⑥ 応急処置についての文書化，治療薬の準備
⑦ 薬品の廃棄は，危険性に関する情報を添付して専門業者に委託

ポイント
◆研究開発には未知の危険性が潜んでいる．
◆開発は時間との勝負だが，安全を軽視するとその代償は大きい．

こんな事例が

● 有機溶剤は化学実験では必須の物質であるが，溶剤の多くは揮発性で引火しやすい．典型的な事故は「実験室でヘキサンの蒸留中に配管が外れ，漏れたヘキサンが近くの電気ヒーターに触れて火災となった」といったものである．

● 分析済み廃液中の有機物を除去するために，硝酸と過塩素酸を加えて加熱する過程で，硝酸が蒸発して残留した有機物と過塩素酸が激しく反応し爆発した．

Question

23 加熱炉の安全な点火とは

Answer

1. 点火操作の流れは

加熱炉の点火は下記の一連の操作で実施する．この操作の中での確認不足や操作ミスによってトラブルや事故が起きる．
- ・被加熱流体側の運転状態の確認
- ・炉内の可燃性ガスの排除と通風の確保
- ・点火設備の設定準備
- ・点火操作
- ・点火後のバーナー炎安定の確認と調整

2. バーナー点火操作時の留意点は

① 各バーナー元の燃料供給弁のダブルブロックを確認し燃料の漏れを防止する．
② 点火予定のバーナーの空気レジスターを適正開度とする．バーナーは炉内の均一燃焼を考え，初回点火と追加点火のバーナーを選んでおく．
③ 強制通風の場合，送風機を動かし，炉内を所定圧力とする．このときに送風量調整や圧力調整の機能に異常がないことを確認しておく．また重油燃焼のバーナーは噴霧蒸気を活かして準備を行う．
④ 点火燃料をバーナー元まで導入する．
⑤ 炉内に可燃性ガスがないことを，ガス検知器などでバーナー部や排ガス系などの適切な箇所で確認する．また，複合炉では他の燃焼室にも可燃性

ガスがないことを確認する.
⑥ 2～3秒以内で着火が確認できなければ直ちに燃料バルブを閉じ，状況と原因を探る．点火では点火棒などの適性挿入長さを仮マークするなど炉バーナーの特性にあわすことが大切である．
⑦ バーナー点火でも必ず監視者と対になって行い，確実に点火できたか，また炎の状況を確認する．
⑧ 初回点火での炉内は温度も低く不安定であり，バーナーの設計操作条件より外れていることもあり，炎の状態や息つぎの有無などに注意し微調整する．
⑨ 定常運転になれば，バーナー元弁は通常全開とし，燃料圧力調整装置でバーナー設計操作圧力での運転ができるようにする．

ポイント
◆ 点火前に炉内に可燃性ガスがないことを炉内の各個所で確認する．
炉内にガスの漏れ込みがあると点火で爆発事故につながる．
特に，複合炉では他の燃焼室にもガスがないことを確認する．

こんな事例が
● 複合炉で点火作業準備をしていて，点火作業を早めるためにメインバーナーの元弁であるダブルブロック弁の上流側を全て開状態にした．そして順次点火していったところ，あるバーナー元弁の下流側の弁座が漏れていたため，ガスが炉内に漏れており爆発事故になった．

Question
24 逆流や吹抜けの防止は

―Answer―

石油精製プロセスなどにおける逆流や吹抜け事故は，ほとんどが設計や運用のミスからきており，ハード・ソフト両面での対応により防ぐことができる．

1. フィード系への逆流とその対策は

原料はタンクから張り込みポンプをへて供給される．その場合，タンクの耐圧強度は 100 mmH$_2$O 程度しかなく，かつガス侵入については設計対応されていない．そのため水素のようなガスが逆流して侵入すると大きなトラブルとなる．

① 原料フィード系では多段の原料供給ポンプが緊急停止やミニマム流量制御の不良などで逆流が発生する．逆流は短時間で発生し，逆流防止弁は漏れるため人的対応では間に合わないことから，原料供給ポンプの停止や吐出圧力低下，流量低下などと連動した緊急遮断弁を設置すべきである．

② 多段ポンプのミニマムフロー配管の取出しは，逆流防止の観点からポンプ吐出の逆止弁の上流とする．

③ 水素の供給喪失に備え，必要な場合には遮断弁を設ける．

2. 下流系や接続系への流体流入と対策は

高圧セパレーターから下流の低圧系への液移送の液位制御弁が全開となった場合を想定し，ガス流出量を考慮した吹出し量をもつ下流系安全弁容量が必要である．

① 吹抜け部の制御弁やそのバイパス弁は過度に小さくすべきではなく，平

常時は流体制御機能が重要なので適正なサイズを設置する．一定の開度に機械式ストッパーを設けて，下流安全弁の巨大化を防止したり，吹抜け防止のための遮断弁を設置することもある．
② 高圧セパレーターの液面制御は安全上，運転上からも重要であり，二つのレベル検出機能（制御系と指示系）をもつことも珍しくはない．

ポイント
◆ 吹抜けが考えられる場合は，下流の安全弁はガス吹出し容量を満足する．液面計検出端は制御系と指示系の二つが必要である．

こんな事例が
● 1997年に水素製造プラントで二酸化炭素吸収塔の内液をタンクに移送中に，タンクが爆発した．移送中にポンプが空引きし，調整しながら作業を続けて最後はポンプを停止させたのだが，直後に爆発した．塔底液面が低下し水素がタンクまで吹き抜けたことが原因であった．

Question

25 ドレン，ベントからの大気放出は安全ですか

Answer

　ドレン切りで大気放出される液体やガスは危険性が高く，原則として密閉化して回収システムへ導入するが，一部ではオペレーターによる大気放出作業も存在している．

1．可燃物の大気放出作業は
　可燃物を大気中に放出する場合，引火点や発火点，爆気生成範囲や蒸発の難易などの特性を考えて，周囲環境に配慮して徐々に行う．
　① アース設置や引火源遮断などの着火防止対策を十分に行う．
　　周りに火気が絶対にあってはならない．受け容器はアースにより静電気対策を施す．
　② 可燃性ガスは密閉系へ窒素ガスなどで押し込み，置換する．可燃性ガスの場合はフレアーへ脱圧・置換すればほとんど無害化できる．その後，不活性ガスを置換ガスとして張り，微圧とした後に大気放出する．周辺の立入りを禁止し，呼吸保護具を着用して行う．
　③ 可燃性ガスを大気へベントする場合も窒素で希釈しながら，高所の放出口からゆっくりと確実に管理できる状態で抜く．

2．高温流体，低温流体の抜出し作業は
　① 高温流体の抜出しは冷却した後に行うのが原則である．高温状態でやむをえず抜き出す場合は仮設の冷却器に接続し冷却して放出する．
　② 蒸気や復水管のドレンアウト時は顔面シールド・保護手袋着用などの熱

傷防止対策をする．
③ 低温流体の大気放出は大気下での蒸発や氷結などに留意する．
バルブが氷結し閉止不可能になる事故が多いので，必ずダブル弁を設置し，上流弁を開き下流弁を絞ることにより抜出し作業を行う．

3．薬品類の抜出し・取扱いは

酸，アルカリ系の薬品の補充・中和・抜出し・サンプリングなどは，目や顔，あるいは皮膚に火傷や薬傷を起こす可能性がある．
① 薬傷防止を想定した装置・機器取扱い手順書を策定する．
② 取扱い時の安全対策を制定し順守する．
保護具や周辺環境の安全対策も定め，全員で決めたことを守る．
③ 適切な保護具の選定と手入れ，清掃の維持管理を行う．

ポイント
- 可燃物の大気放出では周りに火気があってはならない．
- 高温流体の放出では仮設冷却器で冷却し，低温流体はダブル弁で行う．

こんな事例が
- 水酸化ナトリウムなどのアルカリや酸などでの薬傷トラブルが数多く発生している．保護具着用だけではこれらのトラブルは防ぎきれない．設備改造や不要な動作の回避など，職場としての抜本対策が必要である．またドレン弁の操作失敗で流体噴出による死亡事故，火災・爆発事故も多数報告されている．

Question
26 温度制御で気をつけることは

Answer

　プロセスの温度制御には反応や蒸留のための加熱炉，蒸留塔の熱源となるリボイラー，流体を冷却する冷却器などさまざまな機器があり，温度の変更には種々の留意点がある．

1．反応系温度の変更幅は
　反応系の温度調整にあたっては，反応転化率や原料の蒸留度，加熱炉特性など上限・下限温度や温度変化率の幅を明確にしておく．そしてこれらを基準書にも記載の上周知し，アラーム設定にも連動させる．
① 反応の特性とその制御
　　分解や重合のプロセスでは，1℃ごとに操作するなどの微細な変更制限をするものも珍しくはない．水素化反応装置も操作温度領域内であっても温度変更速度幅に余裕をもたせる．
　　大型の反応塔では複数段の触媒ベッドも多く，偏流やデッド部の発生もあり，ホットスポット形成が起こる．指標温度計も絶対ではなく，状況に応じて複数の温度計に注目し変更幅を小刻みに調整する．
② 暴走反応防止
　　反応系ではある条件に陥ると暴走反応に移行してしまう．
　　そのための監視と制御のために反応温度の上限値をアラーム設定する．そして設定危険温度になるとシャットダウンするインターロックが必要であり，これで暴走反応を防止する．

２．蒸留系温度の変更幅は

① 充填塔や蒸留塔の管理
　トレイや充填層には気液接触における安定操作範囲があり，これを逸脱させてはならない．逸脱すると液レベルの変動，塔頂と塔底の圧力差変動などが起きる．

② 冷却系調整と他因子への影響
　塔頂での留分組成の変化によって圧力が変化する．これにより蒸留塔への入熱変化が生じ，運転変動が生じる．そのため構成機器の運転を調整できる変動幅を設定しなければならない．

ポイント
◆反応系の温度変化は徐々に小刻みにし，複数の温度計の確認を行う．
◆昇温や降温は，定められた速度以内で段階的に行う．

こんな事例が
● 脱硫装置の停止作業での降温中に，降温速度が速くなり，フランジに熱ひずみが生じて流体が漏れ，火災事故となる事例が多い．
● 温度降下速度の調整失敗や降下速度の過剰によるフランジからの漏洩事故は後を絶たない．

Question
27 往復動コンプレッサーの安全な運転は

Answer

　往復動コンプレッサーはいったん故障すると高圧力の内部ガスの噴出や機械的破損が生じ，危険源となる．ここでは，往復動コンプレッサーの運転中における取扱いと注意点について述べる．

1．起動時の注意点は

① 起動準備として，冷却水の通水と潤滑油の供給，各保護装置と制御装置の作動確認，ターニングによる回転異常の有無など，全ての機能を確認する．

② 起動は，吸込および吐出弁を開け，スピルバック弁も全開し，アンローダー弁を開とし無負荷状態とする．これを守らないと過昇圧となり安全弁作動や機器破損の不具合となる．

③ 軸受は潤滑油供給システムの確認が重要であり，かつ指定された潤滑油の給油，定期性状分析結果，供給圧力・温度・流量の確認を行う．

④ ピストンリング，バルブなど損傷の防止のためのシリンダー内部給油装置への内部給油量は適正であること．過多の場合はピストンリング，バルブの損傷となる．

2．運転中の注意点は

① 運転中は，吸込ノックアウトドラムの液面管理を行い，シリンダー内に液体を混入させない．これを守らないと液圧縮となり機器破損を生じる．

② ロッドパッキンからの漏洩ガス量が適正であるかどうか，ディスタンス

室のベントからの排出量を圧力や温度などから管理する．この部分には常時窒素ガスなどを導入し，可燃性ガスを希釈し爆発下限界以下とする．

3．往復動コンプレッサーの事故防止の要点は

① 圧縮機の作動原理からガス圧力に脈動を生じる．この脈動（振動）を緩和するため，吸込側および吐出側にスナッバーとオリフィスを設け，強固な基礎が必要である．これら機器や配管，計器類の取出しなどが過大な振動を発生していないかどうかの点検が重要である．

② 容積式のため，吐出側で過昇圧となることがあるので安全弁の設置と性能点検が必要である．

③ 吐出容量調整は，アンローダーおよびクリアランスポケットで段階的に行われ，スピルバックと併用した制御が一般に用いられる．吐出容量調整は段階的に行う．

ポイント
◆運転中は，潤滑油の管理と吸込ノックアウトドラムの液面管理，異常振動の発生がないことが重要である．

こんな事例が
●圧縮機吸込ノックアウトドラムの払出し液面制御が不調となり，シリンダー内に液体が混入し，シリンダートップカバーとピストンに大規模な損傷が生じた．

Question
28 貯蔵タンクの運転時の安全は

Answer

(通気口)
(液面計)
タンク
(窒素)
(油検知)

　貯蔵タンクは危険物が多量に貯蔵されるため潜在危険性が大きく，運転管理をしっかり組み立て，実行することが重要である．

1．事故防止のための運転管理のポイントは

　タンク地区の運転は大半がバッチ処理である．ほとんどがコンピュータで運用されるが，バッチごとに人間が介在する作業も多い．

① 受入れ・払出し操作

　受入れ・払出しは容積スペースや液量増減速度と終了予定時間に留意し，受入れ・払出しの速度はタンクの負圧防止のためのベント能力，窒素封入能力，ルーフ上下速度，タンク構造上の制約を考慮して決定する．

② 貯蔵タンクの状態監視

　タンクの作業がないときでも状態監視する．レベル増減の変位差警報をシステム設定しておくことが重要である．

③ 標準的な液位管理の警報システム化

　液位の上限・下限は根拠・理由を明確にしてマニュアルに明示する．
　運転限界液位は最大想定の地震によるスロッシング高さの対応から算出する．

④ 温度管理

　装置の原料温度，船の出荷温度など払出し側の要求や品質劣化防止，タンクコーティング仕様や輸送設備の温度仕様を考慮する．

水分離による製品の白濁防止，流動性，凍結防止など貯蔵品の特有事項に配慮する．
⑤ 油撃管理では受入れ流速と弁閉止所要時間を管理する．
⑥ 装置払出し・受入れタンクの遮断トラブルを防止するために，タンクの切替操作では，自動ロックや操作の指差呼称，現場立会者配置などを実施する．
⑦ タンクは構造上，時間経過とともに多少の水混入が起こる．液自体が水を溶解している場合も多く，適宜水切り操作を行う．
⑧ 工事や点検後におけるタンクの負圧防止のためのベント機能確認に留意する．
ブリーザーバルブの閉塞，固着，窒素などのシールガス使用時は調節弁や流量計の定期チェック，排気管のフレームアレスターの詰まりや管内の異物（鳥の巣など）のチェック

ポイント

- タンクの受入れ・払出し操作は負圧防止のベント能力，ルーフ上下速度などタンク構造上の制約事項を必ず守る．
- 液位管理は警報システム化しておく．

こんな事例が

- ある製油所の出荷配管で油撃（オイルハンマー現象）が発生しフレキシブルチューブが大きく湾曲した．油撃発生の原因は，数台のローリー積込み定量弁が偶然に同じタイミングで閉止したことによるものであった．

Question
29 保護具を活用しよう

Answer

　化学物質を扱う工程では，さまざまな保護具が使われ作業者の安全に寄与しているが，使い方を誤ると思わぬ事故の原因となることもある．

1．化学物質に関する保護具は
　安全靴やヘルメットなど多くの作業場所で汎用的に使われる保護具が知られているが，化学物質からの被爆防止には保護めがねや顔面シールド，手袋，呼吸保護具などが有効である．

2．保護手袋は
　保護手袋は化学薬品との接触による事故防止に有効であるが，薬品の物性に対応した手袋を選定する必要がある．専門業者のカタログを参照し，使用する薬品にあった手袋を選定する．
　刃物を使う作業ではケブラーなどを，高温物の取扱いでは耐熱手袋を選定する．

3．呼吸保護具は
　呼吸保護具には吸着剤により蒸気やガスを捕集する防毒マスクや粉じんを捕集する防じんマスク，空気をボンベにより供給する空気呼吸器（ライフゼム），空気圧縮機や送風機により空気を供給するエアラインマスクなどがある．
　防毒マスクは汎用性が高いが以下の点に注意する必要がある．
　・高濃度の有毒ガス中では短時間で効果が失われ中毒の原因となる．
　・低濃度のガス中でも長時間の使用では吸着活性の低下に注意する．

・有毒ガスの種類により吸着剤の種類が異なる．
・酸素欠乏空気中では絶対使ってはならない．

　また，ボンベ型呼吸器では酸素が使われていた時期もあるが，酸素中毒の恐れがあるため，高圧酸素の使用は避ける．

4．保護めがねは

　保護めがねは有機溶剤や水酸化ナトリウムを取り扱う作業，粉じんの多い箇所での作業では必ず着用する．また，レーザやエックス線などに触れる可能性がある場合にも，波長に対応した保護めがねが必要である．

ポイント
◆保護手袋は薬品の物性や作業環境に応じた素材を選定する．
◆防毒マスクを高濃度ガス中や酸素欠乏空気中で使ってはならない．

こんな事例が
● 医薬品の開発実験中フラスコに臭素を注入中しているとき，臭素が噴出した．防毒マスクを着用していたが，臭素濃度が高く4人が中毒になった．
● マンホールでの作業中に倒れた同僚を救出するために，防毒マスクをつけて救助に入ったが酸素濃度が6％以下であったため，2人とも酸素欠乏症で死亡した．
● 保護手袋を着用してフッ酸の付着した器具の洗浄を行い，素手で手袋を外すときにフッ酸によって薬傷を負った．

Question 30 緊急時の装置停止の考え方は

Answer

　装置が異常状態に陥った際に，運転温度や運転圧力を下げて潜在エネルギーを低下させ，安全な状態に移行させることが装置停止である．操作としては熱源である加熱炉の消火や原料停止，脱ガスなどが行われ，緊急時にとるべき最初の操作である．

1．トラブルの拡大防止とその予防は

　トラブルはさまざまな形態で現れる．その影響が拡大しないように，孤立操作での局所化，切離しなどを図っていくことが第一である．つぎに，拡大した場合の対処などの予防策も準備しておくことが求められる．
　訓練でも拡大対処の処置までは机上でも確認しておくことが重要である．

2．価値判断については

　人の命や健康，地域環境への悪影響などは何にもまして阻止しなければならない．生産活動は修復可能だが人の命や健康をとり戻すことはできない．そのために緊急事態において装置の緊急停止を躊躇してはならない．

3．停止の判断と権限は

　緊急的な装置停止の処置は事業所長・運転課長などの判断を仰ぐ時間的な余裕がある場合は稀であり，当直のシフト長判断で行われる．そのため運転規則にも権限委譲を明記しておくことが必要である．たとえ結果的に間違った判断で停止させたとしても，停止行為を責めてはならない．

4．シャットダウンポイントの明確化については

装置・機器のシャットダウンポイントは管理限界値として運転マニュアルや操作要領書に明記する．また，ガスや内部流体漏れ，環境装置や安全装置の不具合程度での生産停止の場合や装置停止も記載しておく．

5．迷ったら停止

緊急事態が悪い方向へ拡大したり，原因がわからずに事態が悪化するようなとき，あるいは運転継続か停止か迷ったときには，躊躇せずに緊急停止を選択する．緊急停止すべきところをしなかった場合は，結果的に事故に至らなくても，運がよかっただけであり，状況次第では大惨事となることがある．

6．緊急停止や防災設備の機能確保は

緊急停止措置や消火設備起動は安全な場所からできるよう，スイッチ類やバルブセットは配置を十分検討して設置しておく．

また，消火設備や防災設備は緊急停止による電源カットでもダウンしないよう電源の別系統化をしておく．

ポイント

◆緊急時対応は職場内で各種想定のもと訓練を重ね，基準化する．

こんな事例が

●プラントの異常事態は運転や設備の不具合からだけでなく，地震や台風などの自然災害の対応をつねに心掛けていなければならない．特に巨大なプラント群ではいつでも瞬時に緊急停止できるよう，自動化を進めるとともに，シフト長をはじめとする運転員の緊急停止訓練を定期的に行っている．

Question

31 緊急時の心構えとは

Answer

　緊急時対応は，つね日頃から準備しておくとともに，チームとしての対応を明確にし，訓練を積み重ねておかなければならない．

1．緊急事態への備えは

緊急用の操作マニュアルの勉強や訓練，心構えを下記に示す．

① プロセス設備の特性・運転限界点を知る．これを運転マニュアルに明記し限界値をアラーム化し，緊急時の対処手順を要領化しておく．
② 緊急停止操作は，できればワンパターンの緊急停止内容として単純化し，主要な操作は制御回路に組み込む．
③ シミュレーションツールや訓練プラントで模擬訓練を繰り返す．
④ 職場内やチーム内で緊急停止訓練や防災訓練を種々の想定で行う．
⑤ 自分の身は自分で守り，最終的に危ないと思ったら退避する．

2．チームとしての緊急時対応は

　事故の規模が大きい場合の緊急時対応では，安全最優先の方針を強く打ち出し，チームを落ち着かせ，リーダーの明確な指揮統制のもとで立ち向かう．

① 発災した場合には計器室に全員が集結し，リーダーのもとで，チーム全員に，状況と初期の処置・対処戦術を伝え，共有化し，各人を落着かせ，心構えを整えるようにする．
② チーム全体を落着かせ，危険な作業はさせない．そして危ないときは退避するなどの方針を再徹底する．シフト長は操作に加わらず全体を掌握し

指揮に専念する．
③ 操作の指示・報告は復命復唱で行い，操作時の指差し呼称は緊急操作では特に必要な行動である．
④ 停電や地震，火災や爆発の場合，現場を二人一組の複数員による点検・操作を行う．すぐ当該装置エリアに進入せず，外周からのザッと見て大きな異常の有無を確認後，計器室に連絡の上装置エリア内に進入する．
⑤ 応援者がかけつけても初期活動はシフト長指揮下で行う．
⑥ ボードマンは声を出し操作・確認をする．声出ししなければ他のメンバーに伝わらない．

3．小火災などの場合は
① 発災時に，小規模の火災の場合は直ちに運転処置を行うとともに消火器か備付けの消火設備または自衛消防隊で初期消火を行う．
② さらに同時に公設消防などに通報する．

ポイント
◆緊急時対応は職場内で各種想定のもと訓練を重ね，マニュアル化する．

こんな事例が
●ある製油所の主変電所の故障で発電設備が順次停止し，全装置に大変動が生じた．原因がわからないまま，異常事態が拡大し集中計器室全体がアラームと怒号で一時パニックとなった．製造・動力部門のシフト長の判断で，異常・正常を問わず，まず全装置を緊急停止するとの指示がなされたことで全員パニック状態を脱し，緊急停止操作に専念できた．

Question
32 装置の停止操作時の液移送とドレンアウトは
Answer

　定期修理などでの装置停止操作では，内部流体の抜出しやガスパージなどの危険な操作が付随する．以下に停止操作の液移送や液抜きについて述べる．

1．装置停止時の液移送の留意点は
　装置が運転状態から停止モードに切り替わると製品タンクとは切り離され，他のタンクへ移送が行われる．そこには移送に伴う危険性がある．以下に主な注意事項を示す．

　① 可能な限り低圧での液移送
　　液移送は可能な限り低圧で行う．弁操作の不注意や塔槽液面の監視ミスなどがあってもガスや液体は次装置などへ流れにくくなる．

　② 双方の圧力差の変化での塔槽間の液移送
　　ポンプ移送では空引きや異物流入の問題があり，現場での終盤操作はポンプを空引き寸前で停止させ，双方の圧力差で液移送する．

　③ 高温での移送の危険性
　　低沸点液を温度の高いタンクへ送液してボイルオーバーしたり，高温油を移送して蒸気を発生させたりするトラブルに注意する．

2．プロセス液のドレンアウトの留意点は
　系内パージ前のプロセス残留液のドレンアウトは，原則的にはクローズドシステムで回収し移送する．事故が最も発生しやすい操作であり，系外へ抜き出す場合は保護具を使用するなど，注意が重要である．

① 系内の水置換や水洗・中和を行い，希釈・無害化して残留液をドレンアウトする．
② 残留液をドレンアウトするとき，微圧下でドレンアウトする．可能であれば系内ガスを窒素に置換しておく．
③ 大気へのドレンアウト時はその場所から離れずに，状態を監視しながら作業する．複数の操作を同時に行ったり，作業のままトイレに行くことなどはしない．
④ 高温，薬傷や中毒の危険がある物質のドレン抜き作業は適正な保護具を着用して行い，不測の事態にも備える．
⑤ スチームパージ時のドレンアウトではウォーターハンマーや熱傷に注意する．

◆ポイント
◆ドレンアウト作業時にはその現場を決して離れない．
◆作業時には適切な保護具を着用する．

◆こんな事例が
●エチレン装置やLPG地区などで，ドレンバルブを開のまま放置したり，閉まらなくなったことによりLPGなどが噴出し，大爆発などが起った事故が多数報告されている．

Question

33 緊急時のアラーム対応は

Answer

　アラームの大半は平常運転範囲からのズレを感知し，また機械の不調を警告するものである．特に運転限界値や停止判断値は，プロセスの挙動を考慮して決められているため，アラームには，きちんとした対応が不可欠である．

1．緊急時や停止時などのアラーム対応は

　装置の緊急停止の過渡現象時には膨大で多数のアラームが鳴り，プリンターに打出される．アラームの洪水は異常事象の掌握の支障となり，かつ運転員を動揺させる原因となる．下記にアラームに対する対応例を示す．

① アラームの声だし確認活動
　アラームを確認し，リセットする操作はボードマンが行うが，通常時から声をだし自分自身の確認とともに，計器室内の全員にも聞こえるようにする．

② ボードマンの応援やアラーム監視・管理者の配置
　緊急時には，日常的なボード体制から応援の異常時体制に切り替える．そのためにはフィールドマンも含め，担当プロセス全般のボード監視ができる運転員の育成につね日頃から努力する．

③ アラームカットオフ機能をもったシステムの組込み
　一般にプラントを緊急停止させると必然的に装置は安全サイドに向かう．この場合，圧力や温度，流量の下限アラームがつぎつぎと発報するがこれは停止操作中なので異常な状態ではない．緊急停止スイッチと連動させ

て，停止時では問題としない事象のアラームをカットさせるシステムを組み込むことも有効である．

④ アラーム設定値の管理

アラーム設定値リストを運転マニュアルに加え，日常運転時，勝手に変更できないようにする．変更は職場管理者の承認を得て，時期・理由と変更値などを明確にして行う．定期修理後の立上げ時には実際のアラーム設定値とマニュアルの設定値をリストで照合して再確認する．スタートで順次変えていくアラームはマニュアルに明記して管理する．

アラームはその緊急性や重要度に応じてランク分けして，最重要・重要・注意・お知らせなどのランク別に，点滅表示，色別表示，音声方式などを定める．

ポイント

◆ボードにおける緊急時のアラーム対応は，声だし確認とともに対応訓練を重ねることが大切である．
◆アラーム設定値の変更は承認手続きをへて行う．

こんな事例が

●ある化学工場で既存の系列の能力アップと機能向上のために新設備を設置した．このとき現場の要望で各種アラームを数多くつけた．スタートアップのときに重大トラブルが発生し，このときアラームの洪水となり，最初のトラブルが何かわからぬまま右往左往してしまった．そのためトラブルが拡大し復旧に予想外の期間を要することになってしまった．その後，対策としてアラームのランク分けをしっかりと行った．

Question

34 計測や制御に乱れが生じたときは

Answer

　プロセスの計器指示が乱れているとき，プロセスや運転で正す場合と計測器検出部や計器の計測感度を調整したりする場合とがある．

1．プロセスや運転の変動による乱れと安定化は

遭遇する事象例
　① 原料変化に起因する変動
　　　軽質留分の急激な流入などによる乱れ
　　　ホットスポットなど加熱炉内の異常燃焼や反応層の異常昇温
　② 不適正な操作・制御による乱れ
　　　キャビテーションによるポンプの吐出圧力変化，流量変化
　　　蒸留塔塔頂と塔底との差圧計の変化とトレイロードの変化の差
　　　出荷配管などの油撃など

安定化の方法
　① 関連するプロセス条件を正規の値に再設定する．
　② 急激なプロセス変化を与えない．

2．計測器の指示乱れと安定化は

遭遇する事象例
　① 流量計指示の乱れの原因など
　　　検出部配管にドレンの滞留やトレースや保温の施工不良
　　　差圧型計器のシール液の減少など

② 圧力計指示の乱れの原因など
　圧力計の絞り機構の不適切

安定化の方法
① 感度調整
　分散型計装（DCS）制御の採用により，プロセス内の各系の制御について時系列的に簡単に感度調整できる．
② 調節弁の改良
　安定性が悪い場合は，調節弁タイプや径を変更する．
　調節弁のグランド部の閉めすぎやストローク調整不良を改善する．
③ 安定化制御や支援システムの採用
　制御方法をカスケード制御に変更する．
　同一蒸留塔の塔頂と塔底の温度調整で相互干渉が生じ不安定になる場合などでは，非干渉システムを組み込む．
　フィード量と熱源量の最適相関が明確なものなどには演算機能を利用した最適制御を採用する．
　電子制御機器のノイズ対策は発生源・伝播の形態が複雑なため，抑制・遮蔽・分離による性能への影響を評価する（電源分離など）．

◆ ポイント
◆プロセス操作上での変動による乱れは，急激な変動を与えない．
◆計測器の乱れも事象により原因を見極め，安定化の改善対策を検討する．

◆ こんな事例が

● CMC製造装置で，自動計量器を制御するコンピュータが不調となり，規定の20倍もの過酸化水素水が仕込まれ，爆発した事故がある．オペレーターが気づいたときには規定量以上の過酸化水素が仕込まれ，警報ランプが点灯していた．供給を直ちに停止したがその後の処置も悪く遂に爆発した．酸素濃度計の設置や仕込みの自動化などを実施したが，コンピュータへの依存が大きすぎたために起きた事例といえよう．

Question
35 緊急停止設備の誤作動や不作動の対応は

Answer

　緊急停止設備は，あらかじめ設定された条件で確実に作動し，末端の操作端までが正しく動作する必要がある．しかし，緊急時に動作しないという事態が起こることがあり，事前の検討と対策が必要である．

1．入力側の誤作動とその対策
① 検出器不良や入力シーケンスの不良
　　検出器は停止のための入力設備であり，信頼性の高い機器の選定や運用・保守が適切に行われなければならない．そのため，リスクが大きいと判断された場合，検出器の冗長化やプロセスに対応した自己診断機能などを採用する必要がある．
② 平常運転時の人的ミスでの動作
　　トリップ端や作動接点に触れて誤作動したり，現場で計装のタップ弁を閉止するなどの人的ミスでも発生する．そのため，入力端に赤色などで表示し接触防護板をつけたり，タップ弁へは常時開の表示をしておく．
③ 点検や工事でのミスや影響による誤動作
　　緊急設備の点検時のバイパス処置でのミスや計装電源のカットミスなどで接点が作動することがある．また計装タップ配管の保温トレースのバルブを閉めて圧力接点を作動させることもある．これらの点検や工事の際，「非定常操作」としてマニュアルに定めておく．

2．出力側の不作動・誤作動と対策
① 不作動

固着や開閉時間の遅延，開閉不良の問題，操作端電磁弁の不良などがある．これらの対策として，作動テスト時の開閉繰返しや適正な潤滑剤塗布を定期テスト時に行い，スケール管理をする．

② 操作端のループ電源の入忘れ

手順書との突き合わせと複数の立会いでミスを防ぐ必要があり，スイッチ部のわかりやすい表示も有効である．

③ 人の間違いによる誤作動

隣接している運転中の同種設備の機器を間違えてしまう誤操作が多い．指差確認・呼称，ボードでの声出し確認などが必要である．

ポイント

◆人の間違いによる誤作動防止のために表示や保護板の設置，複数立会いなどの工夫をする．

こんな事例が

●ある製油所で，定期修理後に稼動させた硫黄回収装置の停止シーケンススイッチの一部が，オフとなっている状況が発見された．原因は，最終回路試験後に保全要員が無断で，当該回路の気になる部分に対しボード裏で確認作業をして，復旧時にシーケンスを活かし忘れたものであった．重要なシャットダウンシーケンスについては定期的な作動テストやチェックを行わなければならない．

Question

36 台風時の現場対応は

Answer

　近年特に台風による浸水被害が多い．雨や風の防護対策が有効かどうかの確認が必要である．

1．風水害対策の想定は
　風水害対策の考え方は行政機関や保険各社からの情報がかなり整理されており，有効に活用すべきである．
　① 水害リスクマネジメントの方針・設定を行う．
　　発生確率（再現期間を何年にするかなど）の選定や短期停止防止か中長期停止防止かの重大災害防止の方針を検討する．特に，停電対策が十分かどうかを検討しなければならない．
　② 地域ごとに最大想定風速・雨量・潮位を調査し，想定レベルを決定する．
　③ 護岸調査や排水勾配，地域の高さ・海抜の確認や変電所・計器室レベルの測定などを行い水没の可能性を確認する．
　④ 風水害の影響や拡大リスクを検討し，強化・改善すべき項目を抽出し，コスト評価も含め優先度をつけ計画的に対応内容を決定する．
　⑤ ソフト面，ハード面の改善事項を計画的に実行する．

2．風対策の例は
　① 各種指針・基準で規定されている風速を決定する．
　② 台風予測シミュレーションでの風速，過去の観測データ風速を調査する．
　③ 損傷防止での再現期間は100年，倒壊防止の再現期間は500年で検討する

例が多い．
④ 現有設備の耐久性シミュレーションなどから，必要に応じて設備を強化する．
⑤ 特に現場においては，強風飛散防止対策，工具類や外れやすい器具・備品類を固定し，工事中の養生幕などは外す．

3．雨対策の例は
① 気象庁地上観測データ，アメダスデータの調査．
② 「1時間最大降水量」データから極地分布統計分析を実施する．
③ 再現期間から，予想降水量を決定する．
④ 過去の地域の被害実態から，変電室・計器室などの建屋調査や屋根の劣化，機能健全化調査と対策を実施する．

4．高潮（波浪）対策の例は
① 高潮の過去データ統計分析，台風の風速などのシミュレーション値の把握，気象庁や日本海洋データセンターの公表データを活用する．
② 各地域公表「海岸防護水準」の調査を行う．
③ 再現期間の想定高潮レベルの決定する．
④ 現有護岸高さや構造・強度・劣化進行の確認と対策決定を行う．
   護岸の改造・復元とともに，健全性の検査・修復も重要．
⑤ 防潮堤の閉止と排水ポンプの準備する．

ポイント
◆風水害対策として最大想定強度とそれに対するソフト面，ハード面での計画的対応を明確にする．

こんな事例が
● 台風で宇部空港，周辺の工場群に浸水被害が発生し護岸が倒壊した．計装を含む電気施設や機械類が塩水影響を受け，復旧には長期間を要した．水島地区でも台風の高潮による浸水で製油所・工場に大きな被害が出た．地域によっては台風を想定した対応が不可欠である．

Question 37 非常時の対応訓練はどのように

Answer

「訓練は非常時本番のように，非常時には訓練のように」といわれる．非常時には人間だれでも緊張するので，万一に備えて実践を想定した訓練を欠かすことはできない．以下に各種非常時訓練の内容を示す．

1．事前準備と職場内の訓練は

非常時の対応は災害の発生時をスタートにするのではなく，事前準備を含めて対応内容を明確にしておかなければならない．

① 異常措置訓練

運転中の回転機が停止した場合，ある制御弁が異常な動作を始めた場合などあらゆる日常的な場面を想定した訓練を行う．

② 緊急時装置停止訓練

異常な状態になった場合の想定では，発生する形態はさまざまであり，これら各種異常状態を想定した訓練を実施する．

2．総合防災訓練は

事業所全体での総合防災訓練では以下のことが必要となる．

① 火災発生など事故の想定は，発災～装置停止～事故拡大防止～被災者救助～消火の一連の状況を想定する．

② 事前準備として以下を準備する．

災害本部および現場指揮所の設置と役割，連絡系統の整備

装置，設備の能力，配置，図面，機能などの災害活動資料の整備

③ これら準備の後，それらが実際の場面で機能するかを確かめるためにも事故を想定して訓練を行う．本部，指揮所，計器室ごとに役割分担を決め，人を配する．
④ 機能を簡単にまとめた防災フローシートやチェックリストの事前準備も有効である．総合防災訓練ではこれらが確実に機能するかを確かめながらマニュアルの充実を図る．
⑤ 非常時に重要なことは指揮者の指揮能力であり，指揮者の訓練も重要である．

3．接炎訓練は

工場に勤務していても火災に直面することは極めて稀である．実際に火炎に接する訓練を受けておくと，過度の緊張感は和らげることができる．

ポイント
◆総合防災訓練では，準備した事項が実際の場面で機能するかを確かめるためにも実際の事故を想定して訓練を行う．

こんな事例が
●運転員の非常時訓練を通じて思うことは，思込みを排除し，情報の正誤判断と事実の掌握，冷静沈着な行動が大切である．プラントの掌握や制御が混迷しているとき，最後の沈静化手段は，装置のワンパターン停止措置であり，安全に停止することに躊躇してはならない．

Question
38 安全設備の管理は

Answer

　安全設備の管理で大切なことは「機能を維持した即動性」と「発生事象に対する有効性」である．ここでは現場での安全設備の管理について示す．

1．安全設備とは
　安全設備は以下のように，法律で設置と維持管理が義務づけられているものが多い．
　① 重要事象の検出設備
　　　ガス検知器，火炎検知器，地震計，振動計，液位計
　② 異常を制御・抑制，リスクを回避する設備
　　　安全弁，フレアー設備，緊急冷却設備
　③ 異常な装置・設備を安全に停止し異常を除外する設備
　　　緊急停止設備
　④ 災害個所を孤立・極小化する設備
　　　脱圧システム，孤立遮断設備
　⑤ 災害の拡大を防止，鎮圧する設備
　　　防油堤，散水・消火設備

2．機能を維持した即動性への管理は
　安全設備はその必要が生じたとき，いかなる場合にも作動し，その機能を発揮できるものでなければならない．そのための管理としてはつぎのことが必要である．

① 自動起動やインターロック装置の確実な作動点検と結果の記録
　運転中の点検と停止中での作動点検がある．検出機能と作動機能があり，双方とも確実に働くことを確認し，状況を記録・照合する．
② 点検後のリセット管理
　点検時のバイパス，電源カットがそのままとなり，運転中に不作動となった事例も多い．そのためにもリストや手順書を用いて，最終段階で必ずリセットする．
③ 安全設備の一時的オフラインの場合の代替手段の確立
　火炎検知器の取外しやトリップ機能の運転中調整，除害システムの工事では必ず代替手段を講じて行う．
④ 機能維持
　安全弁出口側のフレアー配管のスケール閉塞，腐食，トリップレバーの固着防止対策などの管理を行う．
　計装用空気バックアップシステムの機能維持
　バッテリーや非常用電源装置などのバックアップの機能維持

ポイント
◆安全設備は確実な作動点検とリセット管理が重要である．
◆停電時でも機能喪失しないようにする．

こんな事例が
●1984年のインドボパールの化学工場で発生した大惨事では，漏洩した毒性ガスの除害設備の吸収液循環ポンプの停止やタンクの温度アラーム管理ミス，その冷却系の冷凍設備の休止，フレアー系の配管不接続など各種の機能喪失が重なって事故が拡大した．安全設備の機能喪失が多大な被害を起こす要因になった．

Question

39 運転設備の点検は

Answer

　プラントの運転では設備の信頼性の確保が必要とされ，適正な検査・点検の充実が重要である．ここでは運転における点検のあり方について述べる．

1．点検と設備管理は

　設備は，設計と正しい運転，適正な保全の総合力によって信頼性と生産性が確保される．点検はその一部であるが，とりわけ検査と連携した点検が重要である．

　① 点検の種類

　　実施時期で分類すると日常点検と定期点検があり，目的別に分類すると異常の早期発見点検と機能点検がある．また，点検を兼ねて清掃や給油，バーナーチップ交換などの小規模保全を行うこともある．

　② 設備管理と点検

　　設備の点検と検査は，劣化・損傷のメカニズム，設備の重要度，管理方法などから点検すべき部位，内容が決まる．これらの方式だけではカバーできないものや異常の早期発見の必要性から，複数の点検の組合せなどの工夫が必要である．

2．点検の充実は

　点検全般について点検内容の留意事項を下記に示す．

　① 各種点検の組合せでの判断

　　装置内部点検や高所のタンク頂部点検など点検に要する負荷が大きいも

のは定期点検とすることが多い．

点検の容易でないものはトレンドでチェックする．

② 点検の工夫・充実の実例

　高所構造物点検やラック内点検，装置全体のリークテストなど負荷がかかる点検については，図面や点検リストを用いて抜けのないように，かつ日勤者の応援参加も得て行う．

　故障頻度の高い回転機器点検は，保全側との連携をとりつつ昼間に実施し，重要な回転機には振動・温度・漏れなどのセンサーを設置するなどして連続監視の強化や点検の負荷削減を図る．

　事業所内の専門技術者も参加してタスクチームをつくり機種別の専門的なエリア点検も工夫する．

ポイント

◆点検は抜けなく，効率を考えて，運転部門に専門技術者も加えて質の高い点検を工夫する．

こんな事例が

●オペレーターの巡回時に臭気と異音を感知して，漏れを早期に発見した報告が多い．異常があるかもしれないという意識の高い点検が安全レベルを高めているといえよう．

　また機能劣化の摘出では運転員と専門家のチームによる詳細エリア点検が効果をあげている．外面腐食では，発生原因別の点検となる保温不良箇所の抽出，海岸地区での塩害調査点検など，焦点を絞った点検が事故防止につながっている．

Question

40 性能データの採取と管理は

Answer

連続運転の長期化に伴い設備の劣化や触媒寿命の低下や効率低下が起こる．パフォーマンス管理とは，運転状態や製品性状から経時的に運転の管理項目を監視，評価するものである．

1．運転でのパフォーマンス管理の例は

パフォーマンス管理は運転部門の主たる管理項目であり，広義には設備や機器の性能や状態評価まで含めて管理する．

① 運転パフォーマンス

管理項目としては，装置の安定性，効率，経済性，製品性状などに関係するデータや指数を定め，長期的にデータの傾向や変化を監視していく．それらを時系列的に記録し，解析して評価する．

② 触媒パフォーマンス

触媒系を中心に活性，寿命，選択性，触媒層温度のバラツキや温度差，代表的反応温度と原料量，反応を支配する原料組成，反応圧力，水素モル比などを解析して評価する．触媒毒や劣化要因につながる要素も記録して評価する．

③ 用役パフォーマンス

複数のボイラー，発電系の項目などを管理する．給水・缶水値管理や電力-蒸気バランス，消費電力，燃料消費量や省エネ管理も含ませる場合もある．

２．パフォーマンス管理の留意点は

採取データに運転の支障となる恐れがあるものは原因を探り，是正を図り，長期的に効率低下傾向が予測ができるものは，解決のための対策を講じる．

① 管理値や限界値を明確にする．
② データ採取は可能な限り自動採取とし，評価しやすいフォーマットや表示方法とする．
③ 問題となる兆候があれば，随時，関係者と協議する．データが正しい値を示しているかも含め検証する．
④ 運転課スタッフが一次評価する事業所もあるが，シフトの運転チーム内で一次評価をできるようにした方が効果的で教育にもなる．

ポイント

◆ 運転パフォーマンス管理では，予想外の変化や傾向変化の兆候があれば早期に協議し，具体的に原因と対策を検討する．

こんな事例が

● ある製油所で，保全の検査課員が運転課の日勤技術者に運転情報を聞いて独自に時系列の運転特記事項を整理しているとのことであった．運転課員が渡しているデータには，運転の特記事項や特殊な機器故障経歴などは除外されていたので，話し合いにより双方に必要な事項やデータを抽出し，運転と検査に関するパフォーマンスの一元管理を行うようにした．以後この試みが中期保全計画検討への共通の道具となっていった．

Question
41 運転の変更管理のポイントは
Answer

　変更管理の抜けや失敗が事故の発生要因となる例は少なくない．そのため，多くの事業所で変更管理のルールを定めて運用している．しかし，いたずらに重い仕組みにすると運用面で支障が生じることがある．

1．変更管理の対象例は

　変更管理の対象となる事例は主として次のようなものがあり，例えば，統括責任を有する運転課長が変更管理実施の最終決定する場合や変更事項の担当課長が最終決定する場合がある．軽微なもの以外は全て変更管理を行う．

① 必要に応じメーカー，ライセンサー，設計者との確認項目
② 運転操作変更
　　原料変更，重要アラーム設定値変更，インターロック設定など
③ P&ID変更や機器改造による構造変更
④ 改造や更新工事での安全環境変化，関連設備への影響変化
⑤ 触媒変更による影響
⑥ 腐食劣化環境や流速変化による影響
⑦ 点検・検査や保全計画の変更，電気・計装設備の変更
⑧ 液封，差圧，低温脆性，安全弁吹出し量などの安全対策の変更
⑨ 適用法令変更，コンプライアンス項目など

2．変更管理の仕組みは（運転部門）

　運転部門における変更管理は，ほとんどの場合，運転課の起案により関連部

門の検討・確認をへて，運転課課長の承認により変更が実施される．
① 関連した担当者だけでなく，組織として照査する．特に，運転部門は，運転と設備の統括責任があり，その変更経緯は経歴として整理されなければならない．
② 重大な変更項目や影響の広がりが大きいものは，確認会議や安全審査を開催し，関係部署の責任者を加えて最終審議をする．

ポイント
◆変更管理は仕組み・ルールの整備が不可欠であり，実施後の評価を確実に行う．

こんな事例が
●ある製油所で二酸化炭素吸収塔の側板の内面腐食を改善するため，吸収液スプレーノズル改造を実施した．その後，運転中に側板がエロージョン・コロージョンで減肉破損し，内部ガスが大量漏洩して爆発に至った．この原因は減肉したための改造にもかかわらず，的確な検査のフォローがなされておらず，変更管理に失敗した代表的事例である．

Question

42 外面腐食の管理は

Answer

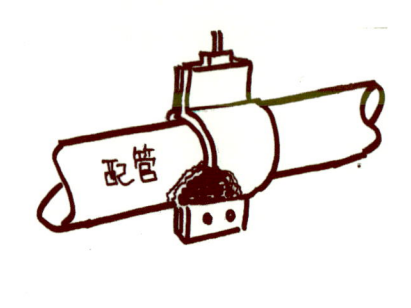

　設備の外面腐食は厄介な問題である．腐食状況が見えない場合が多く，腐食の数も範囲も膨大である．ここでは運転部門での対応について述べる．

1．外面腐食の発生部位は
外面腐食が生じやすい部位について下記に示す．
① 保温不良配管は，保温材カバーの破損部からの長期にわたる雨水の浸入により腐食性物質が濃縮する．
② 架台接触部などでは隙間腐食が発生することもあり，激しい孔食となることも多い．
③ 径2インチ以下の小口径配管，特に内部流体温度150℃以下の配管やベント・ドレン配管は肉厚も薄く，腐食漏洩までの期間が短い．
④ 沿岸部エリアは波打ち際から，海岸より概ね150 m 以内のエリアは著しい塩害があり，最優先で点検・検査や対策を実施する．
⑤ 桟橋・護岸の海岸設備は最も腐食が激しいエリアである．特に海水飛沫同伴の激しい部分は，電気防食が難しく細心の点検と検査，重防食の改良処置が必要である．
④ 塔槽頂部などの保温部やサポート貫通部，スカート部は雨水などが浸入しやすい部位で，点検や検査が困難でもある．長期間中に一度は全保温材を解体して機器や配管の外表面全体を点検・検査することが必要である．

2．外面腐食の管理は

① 管理図の作成と経歴・履歴管理の整理

エリアマップ図やP&ID，スプール図などで検査時期や腐食結果を一見してわかる状態にして共有化することが重要である．

機器番号や配管名，ロケーション，材質，配管径，肉厚，圧力，温度，補修基準，保温の有無，検査実施日，結果，処置内容を記録し，腐食実績や事例から検査周期の優先度を決め実施する．

② 専門家を含めた点検

外面腐食に関し，日常の巡回と定期点検をエリア対象ごとに定め，機器ごとの検査の長期計画作成が必要である．

電気，計装，土木，機械の専門技術者や防食施工技術者などの専門家が点検に参加することも効果的である．

機器や架構などの塗装周期の検討を行い実施周期を設定する．

ポイント

◆外面腐食の管理は，点検要領を整えてエリアごとに長期計画に基づいて計画的に実施する．

こんな事例が

◉ある製油所の常圧蒸留装置の主蒸留塔の塔頂部で，サポートラグ部の保温施工の不良などから長年の雨水侵入による外面腐食で塔上部が腐食開口し，この補修工事の際に火災事故が起こった．漏洩発見後，補修工事に入ったが，保温材に浸み込んだ軽質油に工事用の養生の不備で隙間から溶接火花が落下して着火し，火災となった．

Question
43 静電気の防止対策は

Answer

化学工場では静電気の火花が着火源となる火災が少なくない.

1. 静電気の発生と緩和は
① 静電気の発生は管内を流れる流体の，流速や噴出速度，撹拌速度，材料，湿度などにより変化する.
② 帯電は，配管・機器の接地（ボンディングやアース）や相対湿度を50％以上に保つ湿度管理により除電や緩和ができる.
③ 帯電防止対策としては，静電服・静電靴の着用，床面・壁面の導電率アップや帯電物体の遮断，除電などがある.

2. 具体的な静電気防止対策は
現場実態にあわせて根本的な発生防止対策とする場合，可燃物の遮断や不活性ガスにより空気・酸素を除去する場合がある．それぞれの具体的な例を下記に示す.

① 配管類の要所要所での接地とフランジ間のボンディング
② タンクや機器の接地を行う．電気抵抗率を10^6Ω未満にする.
③ 状況に応じて配管流速を制限する．タンクやローリーにおける初期積込みの流速を制限する.
④ サンプル容器などの移動容器へのボンディングを行う.
⑤ 床やペーブへの散水による除電および湿度を制御する.
⑥ 入荷タンクでの検尺など作業前の静置時間を30分以上とる.

⑦ 絶縁性のゴムホースはシールドワイヤーつきとする．特に使用流速が高いものに注意する．
⑧ 可燃物の撹拌器の回転速度を制限する．
⑨ ガソリンなど引火性液体のローリー積込み前にハッチ内をガスパージする．
⑩ 純油ピットなどを窒素シールする．
⑪ ベルトなどの高摩擦部分へ帯電防止剤を塗布する．
⑫ 粉体の場合，粒子径を大きくする．そして粉じん濃度が高くならないように強制排気を行う．集じん機はエレメントを含め接地対策を十分に行う．

ポイント
◆静電気対策は具体的な除電対策と可燃物の遮断とを実施する．

こんな事例が
●ローリー出荷場で，ペール缶のプラスチック製取手をドレン弁に吊るした状態でドレン切りをしたため，静電気火花で着火し火災となった．ドレン弁も閉止できず火災は拡大した．作業は協力会社員がしていたが，十分な安全管理教育を受けておらず，静電気防止対策が不十分のまま作業を行ってしまった．

Question 44 熱交や配管のフランジ漏れ対応は

Answer

　フランジ漏れの原因は保全作業や温度変更時などのボルトの緩みによることが多い．これらの対応は設計や建設・工事，運転変更の改善が必要となる．

1．ガスケット管理は
　失敗例などを教訓にしてガスケット管理の規則を定めて，社員や施工者に周知することが重要である．
　① フランジごとに P&ID に基づいてガスケットを選定し，型式・サイズをリスト化する．
　② リングやメタルジャケットでは塗布剤の要・不要を明示する．
　③ 施工会社手配のガスケットについては，サイズや形式の表示，資材置場の整理など施工会社の管理を徹底させる．
　④ 旧品は変形や片締め痕跡を確認し，問題の有無を記録し対応する．
　⑤ 均等締付け以外の締付けトルク管理や軸力管理の工法を明示する．

2．設計や施工管理は
　漏れがたびたび起こる箇所では施工方法だけでなく，設計やフランジ面の状況，配管応力などの解析も必要となる．
　① スタート時の昇温で微漏れが起こる熱交は，フランジの構造や設計が悪い事例がいくつもあり，改造も検討する．
　② ポンプ周りなどでの配管などで，フランジ開放時の面のズレが大きいものや昇温時に配管移動伸縮が発生している部位には，潜在的な締付け不

良や片締め現象があり是正が必要となる．
③ 締付け作業はチームで行われるが，早い時期にその技量を確認する．締付け不良となった複数のフランジが，同一チームによる未熟施工だった例は多い．
④ フランジサイズや構造ごとに，手締め・打撃締め・油圧トルクなどボルト締めの方式の基準化が重要である．
⑤ フランジ面間寸法差（クリアランス差）管理は均等締付けの指標として有効である．

3．運転条件などは
① プロセスの昇温・降温や昇圧については時期，速度，機材の伸縮や熱ひずみ，フランジの締付け力維持などを考慮する．
② 長期間使用装置の経年劣化対応
25年以上使用し続けた装置では，建設時からのガスケットを交換し，フランジ面の異常を確認する計画を検討すべきである．

ポイント
◆フランジ漏れ防止は昇温・降温速度，ガスケット管理，締付け力と片締め防止，配管からの外力緩和など総合的な管理が必要である．

こんな事例が
●ある製油所で大雨により脱硫装置反応塔出口フランジで火災が起きた．保温材の劣化で雨水が浸入し，フランジの冷却伸縮により漏れが生じたことが原因であった．雨水浸入など外的な要因も考慮に入れる必要がある．

Question
45 バルブの取扱いは

Answer

　プラントの機器，配管には数多くの手動バルブが設置されているが，その特性を知り，基本的な取扱いを守らないと，開閉不能あるいは破損，不覚の開閉といったトラブルを起こし，異常現象の発生やプラントの緊急停止といった問題を発生させることになる．

1．プラントで使用する主要なバルブの種類は
　① ゲートバルブ
　　円盤状板の上下により流路の開閉を行うバルブで全開時の流れの圧損が小さい．
　② グローブバルブ
　　弁内に隔壁があり中央部穴と弁棒端のジスクで流量調整・開閉を行う．流路がＳ字のため抵抗がある．
　③ ボールバルブ
　　弁内の中央部を貫いた90度回転するボールにより開閉する．良好な操作性と流れの圧損小が特徴．

2．バルブ関係で多いトラブルと対応は
　① ゲートバルブ，グローブバルブのトラブル
　　《閉止時ハンドルが固く，ハンドル回しで過大なトルクをかけて壊す．》
　　【対応】日頃より油，グリースを差して動きをよくしておく．ハンドル回しの使用基準を決めて，大きなハンドル回しの安易な使用による過大なトルクを防止するようにする．

《閉止後にさらに強い締込みをして開かなくなる．》

【対応】念のための締込みはしない．締めてなお漏れるときは，異物を噛み込んでいる場合があるので再度開け締めを行い，それでも漏れるときはバルブシートに傷ができている可能性があるのでバルブ交換，整備を行う．

《バルブ全開時に止まるまで回して閉止できなくなる．》

【対応】ハンドルを全開まで回したらその時点でハンドルを閉止側に若干回して戻すことによりスピンドルの噛込み，固着を防止できる．

② ボールバルブ

《小型ボールバルブは開閉がワンタッチでできるため，知らないうちにハンドルに物をぶつけてバルブが開閉しトラブルを起こす．》

【対応】通常はハンドルを外して鎖などで下げておく，あるいは使用頻度の低いものは針金などで固定する．

《バルブの開，閉をハンドルの方向で見る（配管に対しバルブハンドル直角が閉）ためバルブ設置時に方向に対し例外があると勘違いでトラブルを起こす．》

【対応】バルブ設置時にハンドル取付けの例外をつくらない．また，配管の向きを揃えて一目でバルブ開閉がわかるよう設置する．

◆ ポイント

◆ゲートバルブ，ボールバルブの開閉時にハンドル回しを使用する場合は，適正なサイズを使用し過大なトルクをかけない．また，全開・全閉操作時は，やりすぎて操作不能にならないよう注意する．

◆小型ボールバルブは，意図しない開閉が発生しないようハンドルはずしや固定を行う．

◆ こんな事例が

●プラントスタートアップ時に冷却水ヘッダーへ冷却水を流すため，担当者がゲートバルブを大型のハンドル回しを使って反動をつけながら開けたところ，バルブボンネットを破損してしまい，再度冷却水系を停止して交換することになり，スタートが大幅に遅れた．

Question
46 配管やバルブの表示や識別は

Answer

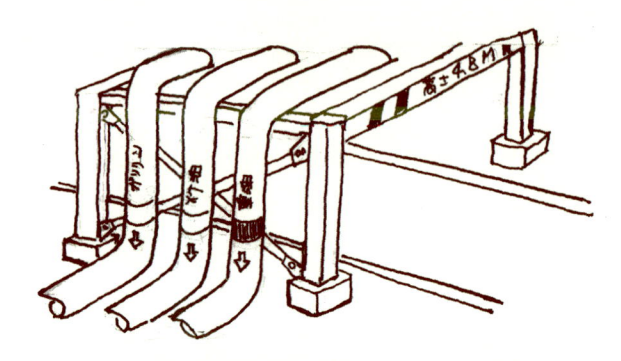

化学プラントは多くの機器で構成され複雑なため，緊急事態の発生時などには配管を間違えたり，協力会社へ曖昧な指示を出してしまうことがある．的確な識別表示がミスを減少させ，作業や判断の効率をあげる．

1．配管識別や表示は
配管の識別は職場単位ではなく全社的な基準を定めて統一し，それにより各事業所や職場で実行する．
① 流体識別は主として配管塗装や色バンドで行われ，行き先表示や流体名，流れ方向などを見やすい大きさで明示する．
② 表示位置は見やすい場所にして，配管ラック，装置境界では定位置に表示する．また，点検や操作を考慮した位置や方向とする．

2．バルブ，その他の表示は
① バルブは配管色とし，ハンドルは色を工夫し，適正トルクなどを示すこともある．
② 回転機やメータースタンドは機器名を示し，計器類はその特性から制御部位や流体を併記することもある．
③ 緊急停止ノブや過速度トリップ，装置散水弁や孤立システムなどについては，注意喚起の意味で赤色系塗装を施すことが多い．
④ 緊急操作については計器室からの操作が主流となりつつあるが，現場の緊急操作弁には目立つ赤色系の蛍光塗料（停電考慮のため）を塗る．

⑤ バルブには「常開」「常閉」「ロック弁」など，職場のルールに基づく操作の手順や表示をつける場合がある．

３．安全を考えた表示は

表示は安全への大きな武器であり，オペレーターが自分たちで工夫・改善していくことに大きな意義があり，職場風土も向上していく．

① 通行帯表示

　　人の通路や方向，車両通行帯，重量物不適合エリアの塗装

② 操作・判断表示板

　　手動・自動切換え，圧力計や温度計の運転範囲，薬品の希釈比率など運転マニュアル上の数値の現場表示

③ 位置表示板

　　消火器，通信設備，エアラインマスク用空気，水洗シャワーなどの定位置表示

④ 注意喚起や点検指示表示板など

ポイント

◆配管表示は全社統一として，流体・行先を明示して誤判断を防止する．

こんな事例が

◉エチレン装置の爆発による人身事故が起きた．その間接原因はデコーキングエアーと間違えて計装空気元弁を閉止したことである．この事故後，装置内の計装用空気は名称表示し元弁は針金でロックする運用に改められた．

Question

47 作業用窒素の管理は

Answer

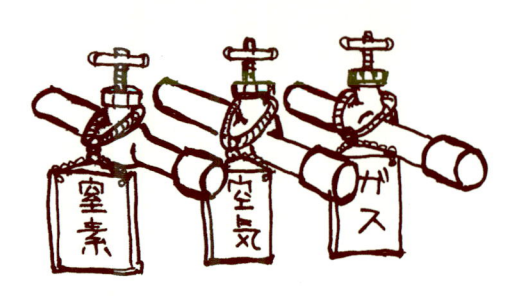

　可燃性物質を取り扱う設備では，窒素パージ，窒素シールが必要となることが多い．以下に作業用窒素の危険性，チェックポイントについて記載する．

1. 誤使用による酸欠防止は
   ① 窒素のホースステーションの配管には，作業用の空気と間違えないように，窒素であることの表示，朱色その他の配管識別塗装などの対策を行う．
   ② ホースステーションのバルブは社員以外操作禁止とし，また協力会社作業員が誤って使用しないよう「社員以外操作禁止」などの禁止表示を行う．

2. 窒素ガス中への可燃性ガスなどプロセス流体の逆流防止は
   ① 設計圧力が窒素の運転圧力を超えるプロセス設備に，窒素配管を接続する場合には，逆流防止のため縁切り対策として以下の対策をとる．
   ダブルブロックブリード
   仕切り板の挿入
   配管の取外し（機器開放時など低圧力時のみ接続）
   なお，詳細は Q55 を参照．

3. 窒素圧力によるプロセス機器の過剰圧力防止は
   ① 窒素ガスの設計圧力が，接続するプロセス設備の設計圧力より高い場合には，プロセス設備に過剰圧力防止のために安全弁，またはブリーザーバ

ルブ，大気ベントなどの圧力放出設備が設置されていることを確認する．
② また，バルブ閉塞などにより圧力放出が機能しないことがないようにラインアップを確実に行う．

4．地震時，停電時などの窒素ガスの確保は
① 地震時，停電時でもプラントを安全に停止するために必要な量を供給できるようにバックアップ対応をとる．たとえば，液体窒素のホルダーと気化器でバックアップする，または窒素の加圧ホルダーに蓄圧するなどが考えられる．

5．塔槽内作業，屋内作業場，実験室などの酸欠対策は
塔槽内作業，屋内作業場などの密閉された空間に窒素ラインが接続されている場合，窒素ガスの漏れにより酸欠となる可能性がある．
① 酸素濃度計により定期的に酸素濃度をチェックする．実験室など広い空間の場合には，定置式の酸素濃度計を数カ所に配置し常時監視することが望ましい．また，簡易ライフゼムを必要に応じて設置することが望ましい．
② 酸素濃度計は，定期的に検査するとともに，バッテリー，電池のチェックも実施する．

ポイント
◆ホースステーションの窒素の誤使用対策（識別，許可など）を十分にとる．
◆窒素ラインへのプロセス流体の逆流防止のため，縁切りを確実にする．

こんな事例が
●夏場にドラムの内壁のケレン作業を行っていた作業員が死亡しているのが発見された．暑さを逃れるためドラムの中に空気ホースを引き込み，涼もうとしたが，誤って窒素のホースを引き込んだため，酸素欠乏症により死亡した．

Question
48 入出荷業務での事故防止は

―― Answer ――

海上・陸上での入出荷業にかかわるトラブルは多い．関連する人や組織も多様であり，安全事項の相互伝達，啓蒙強化が重要である．

1．海上入出荷作業でのトラブル防止
海上での業務では，船舶運行トラブルや桟橋衝突や接続施設の損傷，油流出，桟橋係員の人身事故などが多い．以下に留意点を示す．
① 桟橋衝突事故防止
　水平着桟・着桟速度規制の順守
　着桟気象条件（風速や波浪・視界）の規制と連絡の迅速化
　桟橋設備，護岸設備の明確な識別塗装，識別表示
　スムーズな船舶誘導と適正な余裕をもった入出荷時間での運用
② 積込みトラブル防止
　係留索の確実固定（風速急変対策）
　船側・桟橋係員間の作業前ミーティングの確実な実施
　ローディングアームの直角使用，連結冶具の適正な使用と締付け
　積込みハッチ順番の確認とハッチ切替えの監視
　緊急停止装置の確認と監視
　陸側出荷数量・流量と船側との的確な情報交換
　船舶周辺へのオイルフェンス展張
③ 出荷用ローディングアーム管理（人身・品質の事故防止）

ジョイント部の適正なグリースアップと維持管理
液の漏れ込みやカウンターウェイトの異常の早期発見

２．陸上入出荷作業でのトラブル防止
　① 確実な車止め
　② 積荷漏れ防止
　　積込み定量弁システムの制御性確認と車側の正しい弁操作
　　ローディングアームの適正セットとオーバーフローセンサーの定期整備
　③ 作業での転落などの人身事故防止
　　フルハーネス型安全帯の装着，適正照明，ローリーに適合したスイングステージの設置
　　ローディングアームの適正な作業範囲順守，駐車位置の厳密化，手すりの設置

３．袋物などの入出荷作業でのトラブル防止
　① 過積載重量にならないこと
　② 荷崩れ防止
　　シート掛けやロープでの固定
　③ 車上での積載作業中の転落防止

ポイント

◆出荷作業では繰返し事故が起きており，要領の整備と教育，事故事例研修，現場の繰返し指導が大切である．

こんな事例が

●ある陸上出荷場で，運転手がローリーのタンク切替えをしていないのに切替え済みと思い込み，満液になっているタンクに積込みをした．オーバーフロー防止装置が作動したが運転手と陸上出荷計器室担当者ともに誤作動と判断して，リセットして強制的に再積込みを行った．そのためガソリンがローリー車から漏洩した．

Question

49 タンクローリーの受入れ・積込み作業は

Answer

　タンクローリーの受入れ・積込み作業時のチェックポイントは下記の通りである．

1．数量，油種の確認は
① 充填時に積み込む荷室を間違えると，危険物の流出事故や，コンタミを引き起こす．
② 積込み前にローリーのハッチ別の液体の種類，残量を確認し，積込み予定数量や液種についても注意が必要

2．静電気など火気管理による火災防止は
① 作業員は静電作業着，静電靴，静電手袋などを着用し作業を行う．
② 静電気を発生させないようにつぎの措置を行う．
　作業前にタンクをアース線などにより確実に接地する．
　ローディングアームの注油ノズルは荷室に静かに挿入し，先端をタンク底部につける．
　注油ノズルが液中に十分つかるまでは，注入速度を遅く（1 m/s 以下）する．
③ エンジンの停止，携帯電話など周囲に火気のないことも確認する．

3．ローリーの鍵の管理は
① 運転手は，所定の位置に停車したらエンジンを切り，車止めをセットした後，充填所側の管理者に鍵を預ける．

② 受入れ，積込みが完了し，ホース，ローディングアームなどが切り離され全ての作業が完了したことを運転手，管理者両者で確認した後，エンジンの鍵を返す．

4．ローリータンク上部での墜落落下防止は
① ローリータンク上部では高所作業となるため，作業者は安全帯を装着し，充填所の屋根下などに設置されている親綱などに確実に安全帯ロープのフックをかける．

5．充填中の排気ガスに対する注意点は
① ローリーのベントからは可燃性ガスが放出される可能性があるため，周囲に火気があれば引火するので周囲は火気厳禁
② タンクの通気ラインを通して排気ガスを戻す，高所の安全なベントラインに接続する，回収設備に接続するなどローリーの周囲に可燃性ガスを放出しない．
③ 毒性ガスの場合には，排気ガスラインを除害設備に確実に接続する．

6．運転手とステーション側の作業員との連携は
① 完了確認など運転手と作業員との役割責任分担を明確にし，また連絡体制を確保し十分に意思疎通を図る．この両者は勝手に手伝ったり，相手の責任範囲の作業を行わない．

7．ローリーの弁類，ハッチの確実な閉止は
① 積込み完了後，吐出弁，底弁，排気弁，ハッチなど確実に閉止されていることを確認する．

8．漏洩による排水系への流入防止は
① 作業完了後ホース内のドレンをバケツで受けるなどして，残液が床にこぼれたり排水に混入しないように管理する．

> **こんな事例が**

● ローリーのタンクの切替えを誤り，満液のタンクに積込みを続行したため，マンホールの隙間からガソリンが噴出した．オーバーフロー防止アラームは作動したが，誤作動と判断し計器室担当者が警報をリセットしてしまった．

Question

50 高圧ガス事故の未然防止とは

Answer

　化学プロセスには数多くの高圧ガスがあり，その取扱いもさまざまであるが，ガスのもつ特性から，事故の未然防止に不可欠な管理方法について下記に示す．

1．高圧ガスの定義と特性は

　高圧ガスには圧縮ガスと液化ガスがあり定義と種類はつぎの通りである．
　圧縮ガス：常温において圧力が 1 MPa 以上の圧縮ガス．水素，酸素，窒素，アルゴン，ヘリウムなど
　液化ガス：常温において圧力が 0.2 MPa 以上の液化ガス．プロパン，ブタン，アンモニア，二酸化炭素など
　これらは燃焼性により，つぎのように分類される．
　　可燃性ガス：水素，プロパン，アンモニアなど
　　支燃性ガス：酸素，塩素，フッ素など
　　不燃性ガス：窒素，二酸化炭素，ヘリウムなど
である．

2．高圧ガスの危険性は

　石油や化学プロセスで最も使用量の大きい高圧ガスは水素であり，ついでプロパン，ブタン，アンモニアなどがあげられ，その危険性には以下の特性がある．

① 水　素

爆発限界範囲が大きく，漏洩すると容易に着火，爆発しやすい．

設備から水素ガスが漏洩した場合，従業員が漏洩個所に集合するなどの行動は逆に被害を増大させる要因となる．

低温では鋼の水素脆化，高温では水素侵食などの原因となる．

② プロパン，ブタン

爆発のエネルギーが大きく，いったんこれらの蒸気雲を形成すると蒸気爆発によってその被害は広範囲にわたる．

③ アンモニア

毒性が強く，恕限濃度は 25 ppm であり，ひとたび漏洩すると人的被害の可能性が高い．

強い水溶性であるため，水幕設備などの安全設備が必要である．

3．未然防止対策は

　高圧ガスの事故未然防止の原則は「閉じ込める，封じ込める」ことと「安全な場所に放出・拡散する」ことである．これらを実践するためにつぎの未然防止対策がとられている．

① ガス検知器の設置：漏洩検知器として設置し警報と接続する．
② 設備の健全性の確保：腐食・減肉，劣化の確認と検査を行う．
③ フランジ部などからの漏れ防止：ボルト締付け力を確保する．
④ 安全な場所に放出，拡散：除害塔や安全弁，フレアースタック

ポイント

◆水素は着火エネルギーが小さく，容易に着火し，また爆発範囲が広いため漏洩による危険が極めて大きい．

こんな事例が

●ある直接重油脱硫装置の高圧セクションで 20 インチの配管から水素侵食のために突然水素が噴出し爆発を起こした．漏洩音を聞いたオペレーターが漏洩個所に集まったときに突然爆発したため，5 名もの死者がでた．水素の爆発は非常に急激に起きる．

Question
51 順守すべき法令とは

Answer

　プラントの操業にあたって日本国内で順守しなければならない法律は工場当たり70～80種類にのぼる．さらにこの下に，政令，省令，告示，通達，指針などがあり，加えて地方公共団体が出す，上乗せ，横出しなどの条例がある．事業者として完全順守が基本であり，不順守がわかった場合には関係者が処罰されることがある．

1．順守しなければならない主要法令は

　工場操業，製品出荷その他の活動に関し，順守しなければならない主要法令を以下に列挙した．

【保安防災】保安4法［消防法，安衛法，高圧ガス保安法，石油コンビナート等災害防止法］，大規模地震対策措置法，他

【環境安全】大気汚染防止法，水質汚濁防止法，騒音規制法，振動規制法，悪臭防止法，廃棄物処理法，土壌汚染防止法，PCB特措法，省エネ法，PRTR法（化学物質排出把握管理促進法），他

【労働安全衛生】労働安全衛生法，労働基準法，作業環境測定法，労災保険法，他

【製品・化学物質】化審法，労働安全衛生法，毒劇物取締法，他

【その他】工場立地法，道路交通法，他

　法令は守るべき最低ラインであり，それを補完するものは各社，事業所の規程，基準，マニュアル類である．法に準じると考え順守しなければならない．基準類の不順守による事故やトラブルは法違反に繋がると考える必要がある．

2．順守にあたって実施すべき項目は

① 順守すべき法令のリストアップ

各部署の業務・活動をよく解析し，関係法令をリストアップする．不明な点は専門家に相談し確認する．

② 法令情報の入手

主要なものは主管官庁のHPから入手．日々の制定・改正情報は官報 (http://kanpou.npb.go.jp/) で入手．その他，関係協会や法令情報会社から情報入手．また，行政の説明会などに出席して施行の意図をよく把握する．これらにより，法令の内容をよく理解するとともに対応すべき項目の詳細を把握する．

③ 順守状況の確認

管理責任者は法令情報を関係者に適宜提供するとともに，その後の順守状況を確認，指導する．特に，申請・届出関係，使用・提供禁止原材料・製品や表示・注意・情報提供義務などは不勉強，不注意による違反，指導事例が多く注意を要する．

ポイント

◆事業所の生産活動で関係し順守すべき法令を調査する．

◆関係法令の最新版をつねに注意深く収集，確認する．また，関連情報を入手し法令の意図をよく理解する．

◆入手情報は関係部署に適宜提供し，順守状況も確認する．

こんな事例が

●アスベストが，リスト記載用途を除き法的に使用禁止になったが，この情報が現場に徹底されず，また十分な順守確認がなされなかったために，アスベストを使用した部品が一部残り使われていた．その後，労働基準監督署の立入時に指摘され，労働安全衛生法違反として摘発された．

コラム：現象をよく見えるように加工・解析

① あるポリマー工場に勤務していたとき，製造現場では毎年ある時期になると決まって特定のお客さんからゲルクレームがきていた．いろいろと対策をうっても解決せず現場はあきらめており，その季節は製品在庫繰りに四苦八苦していた．当時は直接の担当責任者ではなかったが，スタッフに数年分の反応関係の全データをエクセルに入れさせ各種の統計的処理や相関関係を調査させたところ，季節ごとに反応が微妙に変化していることをつかんだ．反応条件の許容範囲を狭め，変化がでないように調整を行ったところ，それらの問題は解決した．

② 生産能力増と大幅なコストダウンを狙って新技術をとり入れた新たな系列を建設し，試運転に入ったところ，ある銘柄の物性がどうしてもスペックインしなかった．これまでの知見と経験に頼り，考えていた範囲内で最適条件を探っていたが解決をみなかった．いったんテストを中止してテスト計画を白紙に戻して，それまでに得たデータを設計担当者と解析しなおし，運転条件と品質データをよくわかるよう各種の相関グラフに表して検討したところ，考えていた範囲からかなり外れた部分に最適点があることがわかった．

Ⅲ　運転と工事管理

Question
52 運転中工事の役割と責任

Answer

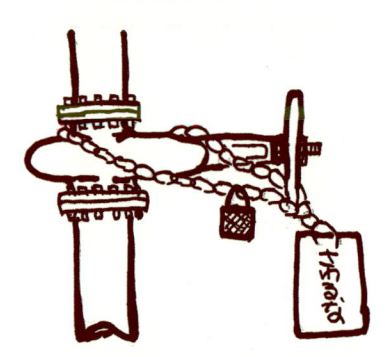

　運転中の工事に関しては，設備の安全環境の確保は運転部門，工事の責任は保全部門が基本であるが，工事の推進では運転側にも役割と責任があり，その留意点を示す．

1．工事の実施判断と工法や内容の確認は
　運転中の工事にはリスクも潜んでおり，下記の留意点が必要である．
　① 運転中か，停止しての工事かの判断
　　工事の内容，運転への影響やリスクの要因で決まる．これらは，運転部門，保全部門，メーカーなどで検討，相談しながら，処置内容を決めることが大切である．またリスクとして補修や対策が失敗した場合の影響も考えて判断する．
　② 工法・補修内容の確認，検討
　　補修内容などは工事指図書の確認で把握できればよいが，特殊機器の補修などでは，保全部門と事前の打合せが必要な場合がある．

2．運転中での工事期間中の安全環境の確保と継続は
　当該設備の工事上の安全環境の確保は運転側の責務である．
　① 環境設定は運転部門の責任である．安全対策と環境確保は組織的に行い，工事手順は運転組織の長が承認した方法で行う．
　　代表的な手順は運転マニュアルの中で定めておき，それにないものは非定常作業として，その都度作成し承認を得る．

また，工事開始前だけでなく，工事進行中においても，必要に応じて運転部門の立会いや指示を出す．
② 確実に継続する安全環境の確保
工事のために操作した弁には開閉の札掛けをし，孤立・縁切りは仕切り板挿入や配管取外しの適切な方法とする．作動弁には作動防止の鎖掛けを行い，工事が終了したという保全側の正式連絡があるまで，誰も勝手に操作できない状態とする．
復旧は組織の長か代行であるシフトの長の指示の下で開始する．

ポイント
◆運転中の工事実施かどうかの判断は，工事や補修の内容，工法の安全性，運転影響，リスク内容などから運転部門が判断する．
◆最終的に実施する場合は非定常作業に準じて行う．

こんな事例が

●ある製油所で流動接触分解装置の動力回収タービンのタービン流入ガス圧力制御装置に不具合があり，運転しながら保安装置を解除して補修を実施した．しかし，補修作業で圧力調節弁の開度計調整機器を間違えて取り付けたため，保安装置の復旧時に圧力調節弁が全開となって逆回転しオーバースピードとなった．そのためにブレードに多大な荷重がかかって破損し大火災となった．
適切な補修方法がとられず，確認の厳密さが欠如して起きた事故である．

Question 53 脱液・パージ時の危険性，注意点は

Answer

工事のための準備として，設備の脱液，パージを行うが，内容物が残留するなどの脱液・パージ時の危険性，チェックポイントについて述べる．

1．液が残留しやすい配管，機器の脱液・パージの注意点は
① ドレン抜きがなく底部に液が残る形状の配管の場合は，窒素パージでは液が抜ききれないため，水洗やスチーミングなどで実施する．
② 引火性液体のパージ完了を接触燃焼式の可燃性ガス検知器により確認する場合は，配管内にガス検知器を挿入して測定すると酸素不足のため，可燃性ガスがあっても指示をださないことがあるので注意が必要である．
③ 脱液・パージ作業でその配管系がどの段階まで完了したかがわかるよう，現場に着色リボンなどの印をつけるとわかりやすい．

2．引火性液体を含む粉体の除去，パージの注意点は
① 可燃性物のパージの完了をガス検知器で確認したとしても，経時変化で残留している粉体中の微量の引火性液体が蒸発し，染み出てきて可燃性ガス濃度が上昇し，爆発範囲に入り，何らかの原因で着火し爆発する危険性がある．
② パージ完了後の可燃性ガス濃度の経時変化をチェックし，濃度上昇がないことを確認する必要がある．
③ 機器内部のちょっとした隙間やデッド部に粉体が入り込み，可燃性ガスが染み出てくることがあるので，開放できるノズルなどは開放し，できる

だけ粉体を除去する．

3．スチームトレース配管の脱液，パージ時の注意点は

① 融点が常温以上の物質を液体として取り扱う場合やスチームトレースをしている配管を脱液する場合には，液が出てこないことで脱液完了としてはならない．トレースや保温の不良などにより固結しており，液が残っている危険性がある．必ず，スチーム，窒素などを流しガスが出てくることで配管に固結した液が残っていないことを確認する．

4．適切な保護具の着用は

① パージの場合には，残留液による被液の危険性があるため，顔面シールド，ゴーグル，ゴム手袋，耐酸衣，ガスマスクなど適切な保護具の着用が必要である．

ポイント
- 引火性液体を含む粉体の除去作業の場合は，可燃性ガス濃度の経時変化のチェックが必要である．
- トレース配管は，トラップ故障，保温材の破損などで温度が下がり固結している可能性を考えて，パージ方法を決める．

こんな事例が
- 配管の切断工事中に残留していた引火性液体に着火した．原因はパイプラックの支柱の間隔が広く配管にたわみが出るため，窒素パージだけでは不十分で配管のたわみの底部に液が残留していた．

  また，酸素濃度，可燃性ガス濃度に問題ないことを確認後，非防爆の掃除機を使用し塔底部のポリマーの除去作業を実施していたが，数時間後ポリマーに着火した．原因はポリマーに含まれている微量の溶剤のヘキサンが揮発して可燃性ガス濃度が上昇したためである．

Question 54 脱液・移液時の危険性，注意点は

Answer

　改造や点検工事のための準備として，設備の脱液，移送を行うが，以下に脱液・移液時の危険性，チェックポイントについて記載する．

1. 窒素などで加圧し，機器の液を移液する場合の注意点は
① 窒素などのガスにより加圧し，機器の脱液，移液をする場合，移液完了時のガスの吹抜け対策を考慮する必要がある．
② 吹抜けが起きても問題が生じないように十分な排気能力をもったベントサイズ，ブリーザーバルブサイズとするか，吹抜けを起こさないように作業時常時立会い者を配置し，液レベルを監視する．

2. ホースなどを使用して，移液する場合の注意点は
① ホース，フレキシブルチューブなどを使用して移液する場合は，耐圧，耐熱温度を確認し運転条件にあった適切なものを使用する．ゴムホースには，一般的には送水用，空気用，蒸気用，薬品用（ケミホース）があり，それぞれ耐圧，耐熱，耐薬品性が異なる．
② ホースを購入した場合は，ホースの種類，購入日（交換の目安）をホースに表示することが好ましい．
③ 使用前には種類，使用条件が適正か，ヒビなどの劣化はないか，水・油などが残っていないかなどをチェックし，問題ないことを確認する．
④ ノズルへの接続は，ホースバンドを使用し，番線はできる限り使わない．

3．ドラム，バケツへの脱液時の注意点は

① 静電気による着火を防止するため，容器は接地を確実に実施し，かつ脱液速度はゆっくりと（1 m/s 以下が望ましい）行う．
② 塗装は絶縁性が高いため，塗装がある場合には金属面をだして接地する．
③ ドラム缶などの場合には，脱液前に窒素でパージし支燃性ガス除去をするとよい．

4．適切な保護具の着用は

① 脱液，移送の場合には，内溶液による被液の危険性があるため，顔面シールド，ゴーグル，ゴム手袋，耐酸衣，ガスマスクなど適切な保護具を着用する．

ポイント

◆窒素などのガスの加圧による機器の脱液・移液時は，吹抜けに注意する．
◆ホース使用移液では，耐圧，耐熱温度を確認し運転条件にあった適切な種類のものを使用する．

こんな事例が

● 吸収塔の吸収液の取替えのため窒素で加圧し，常圧のコンルーフタンクに移液しているときに，液がなくなったのと同時にガスの吹抜けが起こり，タンクのベントサイズが細かったため排気能力が不足し，タンクの屋根が破損した．

Question

55 配管の縁切りの注意点は

Answer

　通常運転中のプロセスの一部を切り離して火気工事や検査，タンク内作業などを安全に行うためプロセス流体やパージガスの漏れ込み防止を目的として，あるいはプロセス配管が接続されているが通常は漏れ込みを確実に防ぐ目的でラインの縁切りを行う．縁切り不十分が原因での重大事故も発生している．

1．縁切り方法は

　プロセスラインの縁切りの方法は以下の3種類から選択する．

　① バルブ閉止＋仕切り板挿入

　② 配管取外し

　③ ダブルブロックブリード

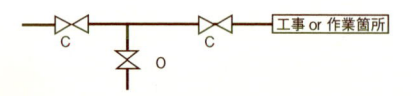

　この他，バルブ二重化閉止方式もあるが内部リークの懸念があり，確実な縁切りが保証されない．

２．縁切り実施時の留意事項は

① 事前に縁切り予定部分について，フローシート，配管図などでどの部分に縁切り対策を行えば確実な縁切りになるか確認し，仕切り板挿入部，配管取外し部などを事前に決定しておく．

② 仕切り板取付け時には，各板に全て付番し，取付け位置をフローシート，仕切り板台帳に記載する．取外し時には，フローシート，台帳を確認し，板番号と枚数を確認する．

③ 配管取外しの場合は，それぞれ開放となるフランジ部に閉止板を取り付け，外した配管は両端に閉止板取付けあるいはポリ袋養生し付番してフローシートや台帳に記載の上，確実に保管する．

④ ダブルブロックブリードの場合は，ラインのブロック（閉止）バルブに「閉止＆操作禁止」表示をつけ，またブリード（ドレン）バルブに「開放＆操作禁止」表示をつけ，必要に応じ鎖掛けなどを行い，フローシートや台帳に記載を行う．

ポイント

◆縁切りの基本的な方式は以下の３種類
　バルブ閉止＋仕切り板挿入
　配管取外し
　ダブルブロックブリード
◆事前にフローシート，配管図などで抜けのないように縁切り部分を確認する．
◆縁切り部のバルブには操作禁止札や鎖掛け，仕切り板挿入部には設置札を取り付け明示する．

こんな事例が

● 2009年，事業所の空調用アンモニアヒートポンプユニットの整備作業で，アンモニア冷媒を温水器に戻し，点検予定部分のガス抜き，除害処理後にユニットケース内にある膨張弁などの整備に入った．ユニットのアンモニアは手動弁と電磁三方弁のみで縁切りされていたため，同時並行で行われた制御系点検操作時の誤操作により三方弁が開いて多量のアンモニアが漏洩した．このため，作業員８名が被災し，うち１名が死亡した．

Question 56 最終ラインアップの注意点は

Answer

　プラントスタートのためのセットと確認の最終段階操作で，バルブセット，開閉禁止措置，縁切り復旧，駆動機器類作動チェック，安全装置セット・スタンバイなどの準備，初期化作業の実施と作業完了確認である．これらに抜けがあるとスタートアップ時に思わぬ事故，トラブルが発生する．

１．最終ラインアップで留意すべき事項は

① ラインアップの責任者は，担当エリアを区切り各担当エリアのメンバーに作業内容とその目的を明確に指示する．

② 現場のチェックや作業は，担当エリアの必要項目が記載されているチェックシートを用いて抜けのないように作業を行い，また確認し，結果を記載する．実施結果は担当エリアのフローシートに記入し，責任者に報告する．

③ さらに別の担当者によりチェックシート記載通りになっているかダブルチェックを行い，単純ミスや見過ごしを防止する．

④ 責任者は，各最終確認結果を突き合わせ，フローシートやP&ID（配管計装線図）上で確実にラインや機器がセットされ，スタンバイ状態になっていることを確認の上でラインアップ完了を宣言する．

２．ラインアップで確認すべき主要項目は

① プロセスライン，機器に設置されている手動バルブの開閉セット，制御弁・遮断弁・放出弁などの作動方向チェックと設定状況

② 縁切り復旧，末端フランジ・ノズル閉止，必要仕切板挿入
③ ポンプ周りのラインセット，ストレーナー取付けなど
④ 用役復旧，正常状態確認
⑤ 駆動機器　潤滑油など補機正常状態確認および機器スタンバイ
⑥ 安全弁，破裂板などセット
⑦ ガス検知器，火災報知機などの警報機器正常状態確認
⑧ 排水ライン，ベントライン，除害設備，フレアスタックなどスタンバイ

◆ ポイント
◆事前に用意した正確なフローシートやP&ID，全チェック項目が記載されているチェックリストを用いて行う．
◆ダブルチェックを行って確認する．
◆ラインアップ完了の最終判断は，責任者が全チェック結果を確認の上で行う．

◆ こんな事例が

◉ 2009年，電解プラントの定修が完了し，スタートのためのライン設定を行った．このとき，現場担当者は詳細なチェックシートがなかったために本来閉止の除害塔行バルブを誤って開放してしまった．さらにダブルチェックもなく，そのままスタートしたため，塩素ガスがバイパスして除害塔へ大量に流れ，その後大気に放出された．このため，工場敷地内の従業員，協力会社関係者，敷地外の市民もガスを吸引して医師の診察を受けた．

Question
57 運転用仮設配管などの管理は

Answer

　装置内には仮設配管，日常不使用配管，遊休設備などが一時的に存在する．これらの撤収を後回しにすることによるトラブルが少なくない．
　以下に仮設配管の管理について示す．

1．装置停止・スタート用の仮設物の管理は
　仮設配管などの管理は，担当者個人の自由裁量で使われる場合が多く，それが事故やトラブルの原因となる．
　① 仮設物は使用前に健全性を確認し，テスト圧や検査日を記した札をつけておく．また，プロセス流体を扱うものは接続部の強度確認とテストをしておく．
　② 停止やスタートに伴う仮設配管は毎回使用されるため，運転マニュアルに取付け・取外しのタイミングを明記する．
　　運転状態での取付け・取外しを考慮して，プロセスへの接続側はブリード機能をもったダブル弁とする．
　③ 仮設物はリスト化し，重要な運用や危険性があるものは仮設物管理要領を定めて取扱いの考え方を明示する．
　④ 系の切離しの目的での仮設配管やディスコネクト設備も仮設物同様の管理をする．

2．工事環境を確保するための運転仮設物の管理は
　工事に伴う運転上の環境を確保するための仮設配管や仮設設備は，運転部門

が管理する．そして使用時期・使用内容・安全措置などは事前にマニュアル化して承認を得た上でしか取り扱ってはならない．

① 環境確保の仮設物は工事開始の前に準備され，工事が完了するまで，使用目的と流体名，操作禁止札を表示し，許可されたオペレーターや運転課員以外は操作できないようにする．

② 工事検収後は，直ちに撤収する．スタート安全審査により，運転仮設物も撤去状態もチェックされる．

3．保管は

① 仮設物はプロセスとは確実に切り離し，通行・防災アクセスなどに支障ない場所に保管する．

② 不使用配管は，デッド部となっているので，濃縮物質の蓄積による腐食などが生じるので内部のクリーニングや検査が必要である．

ポイント

◆環境確保用の仮設配管は操作禁止札をつけ，運転課員以外は取り扱ってはならない．

こんな事例が

●ある製油所のガス化脱硫装置で，停電により装置を停止して，流出油の送り先を通常使用しない仮設配管につないだ際に，腐食部が開口しナフサが漏洩して火災が発生した．この配管は使用前に滲み漏れ部が発見され次年度に更新予定であった．通常の使用配管と同様にメンテナンスが必要であった．

58 運転中の火気工事の注意点は

運転しながらエリア内で補修のために溶接などの裸火を使用した火気工事は非常に危険な作業である．安全対策を十分検討し，関連部署との共通認識の下でのみ許可する．これらの判断や手続きを総合的に統括するのは運転部門の責任でもある．

1．運転中エリア内の火気工事の実施判断は

事業所内での火気使用の基準では，安全対策も含んだ作業計画書を作成し，溶接などの裸火については安全審査，それ以外の電気使用などの一般火気については安全打合せを行うのが通常である．

① 安全対策を含んだ作業計画に基づき審査
運転・保全部門だけでなく安全環境部門や消防などの防災部門も参加することがある．

② 火気を使わない工法や他の手段で代替できないかの判断
次の定期修理まで補修が必要ないか，火気以外の工法などがないか検討し判断する．

③ 安全対策や工事環境は十分なのかを審議する．

2．運転中火気工事の安全対策は

工事作業計画書だけでなく運転側の環境確保事項も明確にする．

① 孤立，縁切り
活きプロセス設備との完全縁切り

工事エリア，領域の防炎シートあるいは隔離壁設置などでの完全隔離と火気工事開始時でのガス検知の実施
② 周囲の環境対策
周辺の含油廃水系のドリップや埋設管連絡部のシール実施
工事装置での危険操作やサンプリングなどの放出作業の中止
消火器や消火設備の配置，必要により散水やスチームを噴霧
③ 監視，立会い
自動ガス検知器の周辺配備
保全担当者と運転担当者の常時立会い，非常時連絡系統の確立

ポイント

◆運転中の裸火の火気使用工事は事前に作業計画を作成し，安全審査を行い，合格と判断されなければ行ってはならない．

こんな事例が

●隣接するタンクの一方のタンクで火気工事を実施し，もう一方のタンクでガソリンの排出処理を同時に行った結果，引火し大火災となり6名が死亡し，1名が負傷した．ガス検知器が作動したが間に合わなかった．火気使用工事と危険物排出作業の危険認識が欠如しており，関係者の連絡・連係が不備のために大災害となってしまった．

Question
59 運転中の重機工事の注意点は

Answer

　運転中の工事として，クレーンなどの重機作業の場合，転倒や配管への衝突などが考えられ，火災事故となる例も少なくない．運転部門の管理すべき項目について以下に述べる．

1．運転中エリアのクレーンなどの重機工事実施の判断は
　事業所の基準に基づき，安全確認会などで重機での工事実施や安全対策の妥当性を総合的に検討する．
　① 工事の必要性，代替手段の有無と信頼性の検討
　　大量の危険物の隣で大型重機を用いて長期間工事を実施することのリスクや最大影響を検討する．
　　現場で組立てや解体する大型クレーンの使用については，運転部門だけではなく，事業所の関連部門全体での安全審査会で安全性を評価する．
　　特に，吊上げ角度と距離，落下時の影響，パイプラックなどをまたぐかどうか，重機が転倒した場合の影響などを検討し審査する．
　② 倒壊事故などにおける運転側の処置方法，災害リスクを検討
　　工事部門と運転部門では，最大被害ケースとして転倒による最大被害の影響を洗い出し，その回避策も検討し立案する．

2．運転中エリアのクレーンなど重機使用の安全対策は
　クレーン使用時の安全基本事項の厳守と工事エリア周辺の状況，作業内容に基づき安全対策を立案する．下記内容を現場でも立会い確認をする．

① 作業エリアの安全確保は十分か
　重機やクレーンのエリア内作業での安全対策やガス検知の実施
　吊り荷落下防止対策と作業範囲の立入り禁止，監視人配置など
② 転倒防止は十分か
　作業地盤耐力は十分か，不明であれば鉄板敷設などの養生実施の確認
　アウトリガーの張出しは両サイド最大限可能か，傾斜はないか．
　強風時や降雨時の中止判断を明確にし，法令にも従って基準化する．
　倒壊時の被害予想に基づく対応策の策定と周知を行う．
③ 作業の監視は十分か
　クレーンの吊上げ荷重と作業半径，計画吊上げ物体との照合・確認
　吊り荷落下防止や作業範囲内立入り禁止の処置，監視人の配置など
④ その他
　車両車止めの実施
　作業中断時や休憩時のブームの収納

ポイント

◆大量の危険物近くでの大型重機による工事については，最大被害の影響と安全対策を評価・検討して是非の判断をする．

こんな事例が

●ある製油所の建設工事で，大口径の煙道をクレーンで持ち上げ，設置しようとしたところ，横風によって吊り上げた煙道が回転して，クレーンにねじれ荷重が加わり，強度的に耐えきれず座屈して煙道が落下・大破した．その下敷きとなった作業員が死亡した．リスクの検討が不足していた．

Question
60 タンク開放工事の事故防止は

Answer

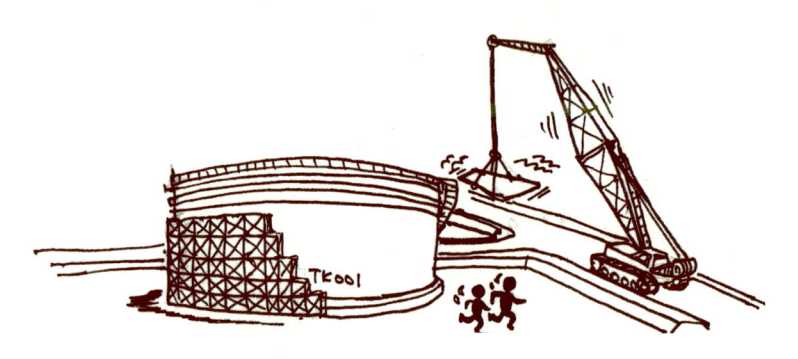

　タンクの工事中での火災や工事完了後の運転再開時の事故は多い．各段階での安全の確立に留意すべき事項を以下に示す．

1. タンク開放作業での安全確保は
① 開放工事の施工計画書が法や事業所の基準に適合していること．
② 内液の移送・抜出し後のスラッジなどの可燃性残渣物除去については，浮屋根の着底・窒素導入などの安全対策が実施されることが必要である．さらに可燃性ガス発生対策や静電気生成防止，周辺の火気管理も必要である．
③ タンク接続配管などは確実に仕切り板などで縁切りする．小口径配管も含めて縁切りを完全に行う．
④ 入槽前には十分に換気・通風し，多箇所で酸素濃度やガス濃度を測定し基準値を満足していること．
⑤ 入槽しても火気工事などの工事開始前に，側板などの付着可燃物が除去できているかなどの安全最終確認を必ず行う．

2. タンク工事期間中の安全対策は
① 清掃残留物のくすぶりがないか，異常の早期発見にはつねに留意する．
② 大雨対策や強い横風での空タンク損傷などにも注意する．
③ 工法や資機材変更時に必ず工事担当や施工監督者および関連部署と協議し，安全を確認し必要な変更管理の手続きを行う．

④ 塗装やコーティングでの工法と火気使用管理，防爆照明などの安全管理を徹底させる．
⑤ 作業員の夏場の熱中症や冬場の防寒などの対策にも留意する．

3．工事後のタンク活かし時の安全対策は
① ベントやブリーダーの健全性確認を必ず行う．特にベント類にウエスの残留やポリ袋養生が残っていないか確認する．
② 浮屋根では水張り時の各部の作動性やポンツーンの微漏れの有無などに注意する．
③ 最初の実液張りは昼間に実施し，点検の頻度を増す．

ポイント
◆タンク開放工事では危険物である内容液が完全に除去されていることが基本であり，それを徹底する．

こんな事例が
●タンク内部の工事における火災事故は死亡を含む重大事故を招く．タンク内の残油抜取り作業中の非防爆照明が着火源となった火災死亡事故，作業指示外の電動式スプレー塗装に起因する溶剤のトルエン蒸気による爆発死亡事故，タンク内の火気作業中に隣接タンクからの可燃性蒸気の流入による火災での死亡事故など，タンク内工事にかかわる死亡災害が数多く発生している．

Question 61 運転と工事のエリア管理は

Answer

　新規プラントの建設や大規模増設などでは，工事エリア側と運転設備エリア側の安全は相互の連係が重要となる．以下にその対応について述べる．

1. 工事エリア側の隣接運転設備への対応は

　工事施工者は，身近に運転装置があるという場合は，隣接地域の事情を無視することはできない．

① 工事エリアを明確に区分ける．

　誰が見てもわかるように，簡易ではあるが障壁を設け確実に分離することが通常行われる．隣接設備が可燃物を扱っている場合は，シール性をもった簡易障壁とする．警報連動のガス検知器などを障壁の隣接設備側に設置することもある．

② 毎日の工事の定例工程会議や安全会議には隣接側の運転課員が必ず参加する．安全に関しては双方が必要な情報を共有することが重要である．

③ 騒音，振動，粉じん，悪臭などの環境異常を抑制する．

　隣接設備などへの支障とならないレベルの対策が必要である．
　杭打ち工法は隣接設備機器への振動影響を考慮し，無振動工法を選択する場合もあり，類似地盤でのテストで振動値と伝播距離に関する実績を確認しておく必要がある．

④ 緊急警報，一斉放送設備，危険灯の配置と避難訓練

　工事停止や避難指示に有効な通信連絡設備を設置する．運転設備側との

連絡通報体制をつねに確立できるようにしておく．

2．隣接する運転設備側の対応は

　隣接エリアで多人数による工事，裸火使用，巨大なクレーン，重量物の移動・組立てが行われていることを念頭に，運転設備のトラブル時は工事中止や避難命令などの指示・連絡を行う．

① 可燃物，ガスの放出や計画的な装置停止・起動などは事前に工事側に連絡し周知しなければならない．

② プロセスからの漏れや火災，装置緊急停止などの事故発生時には避難命令を出す．時間的余裕を考慮して早めの工事中止・避難の命令を出す．

③ 工事側との用役や排水系の縁切りなどは計画的に行う．

ポイント

◆運転設備側のガス漏れなど危険状態が発生した場合は直ちに隣接する工事現場に対し工事中止や避難の連絡・命令を出す．

こんな事例が

●隣接する重機作業の影響で振動が大きくなり，運転中機器がトリップ（緊急停止）したり，計器の誤動作により稼働装置から可燃物が排出され，工事エリアの火気で引火し火災となった事例もある．

Question
62 工事の施工品質確保で注意することは

Answer

　工事の施工品質は保全部門や建設部門，工事施工会社が責任をもつ役務である．しかし，工事後の設備の不良は，運転部門が直接影響を受けるので，工事にも運転部門が関与することが必要である．

1．プラントの建設工事での運転部門の留意点は
　建設工事で運転部門として関与すべき点を簡単に例示する．
　① 内部品の組込み管理
　　　反応塔や蒸留塔のインターナル組込みは計画的に内部状態の確認や写真撮影などで管理し，触媒の充填高さやセラミックボールの充填支持材データなどは運転部門も確認する．
　② 異物や残留物排除
　　　建設または改造した塔槽類内部に，溶接ノロ（スラグ）やウエス，ポリシートなどの異物残留がないことを最終確認する．
　③ 水や油脂分などを嫌う機器，配管類の管理
　　　脱脂洗浄など特殊洗浄が必要な機器を指定し，洗浄結果を確認する．
　④ 締付け管理の重点確認
　　　ボルト，ナットのハンマリングやフランジのクリアランスを最終確認する．

2．日常工事における運転部門の留意点
　日常工事は常駐施工会社が実施するが油断や慣れからのミスもあり，安全や

品質の管理が必要となる．
  ① 仕切り板やガスケットの管理
    工事用仕切り板，気密テスト用仕切り板や運転用仕切り板の管理は工事進捗に伴い変化するので，全ての仕切り板は P&ID に記載して一元管理する．
    仕切り板や配管復旧に伴い使用するガスケットも変化するので管理が必要である．
  ② 配管管理
    異材混入防止を指導する．
    運転現場での火気使用の工事量が最少となるよう，プレハブ作業場などの溶接専用の作業工場での事前製作を多くするよう指導する．
    現場施工や現場組立てのための足場の安全性を確認する．

ポイント
◆仕切り板についてはガスケットも含め，P&ID に記載して一元的に管理する．

こんな事例が
●工事関係者が確認行為を省略したため工事品質ミスが生じた事例としては，蒸留塔のマンウェイを開いたままで塔マンホールを閉止したり，回転部の組立てが不良のままで組み込んでメカニカルシールの漏れや往復動圧縮機の破損が起きた事例が多い．

Question

63 運転部門の工事検収はどのように

Answer

設備工事の完了確認の主管は運転部門である．事業所によっては保全部門とするところもあるが，必ず運転部門が最終確認しなければならない．

1. 設備工事の完了確認，検収の留意点は

運転部門は工事全体を掌握することが重要である．保全の担当部署も工事完了状況を運転部門に報告し，運転部門の確認も得て検収手続きとなる．以下に工事完了確認における運転部門の留意事項について示す．

① 検収は工事全リストに基づいて行い，追加工事やスタート前準備に伴う諸工事も含めて行う．

② 現場，現物で確認を行う．完了予定との見込み工事については検収の対象とはならない．

③ 運転部門の立上げ準備や生産手順の関係で，設備ごとに工事完了が計画される場合には，設備ごとに集約された工事リストで順次，完了，検収，引渡しが行われる．

工事後に計装ループテストのような総合検査が行われる．

④ 工事用の機器や配管の仕切り板などは工事用だけでなく，運転部門の安全環境確保のための仕切りを兼ねているものがある．P&IDや図面，リストで一元管理とする．

⑤ 配管・機器内にウエスなどの残留や内部トレイなどの組込みミスがないように，工事品質管理をあらかじめ取り決めて実行する．特にガスケット

管理やフランジ締付け管理に注目して行う必要がある．多くの場合，ガスケット間違いやフランジの片締め，ボルトの締付け不足など多くの工事ミスが見受けられる．
⑥ 残工事リストを作成し，予定期間，完了予定日を確認し承認する．
火気使用工事などの重大な工事は残工事にしない．しかし，別途安全審査で残工事の安全確保状況を確認する必要がある．
⑦ 保安設備の健全性確認は機器ごと，ループごと，作動テストの調整ごとに詳細確認を行う．

ポイント
◆設備工事完了に伴う検収では，運転部門は全工事リストに基づいて現場，現物で確認を行う．
◆ガスケット間違いやボルト締付け不足の工事ミスは特に多い．

こんな事例が
●ある製油所の重質油水素化脱硫装置の原料油熱交換器出口配管の8Bエルボーが破裂し，漏洩した水素ガスに着火して大きなファイヤーボールとなった．事故後の調査で原因は半年前の定修で1.25％クロム低合金鋼を使用すべきところ，メンテナンス業者が間違って炭素鋼を使用したため，3,000時間経過したところで水素侵食で破裂した．定修時の材料間違い防止指示が不徹底であり，さらに最終確認が不適切であった．

Question

64 工事後のスタートアップ準備は

Answer

　大規模工事終了後の装置立上げ時にはいろいろなトラブルや事故が起こる．設備の変更や工事ミス，オペレーターの疲れで注意力が散漫になったり不注意が生じやすい．これらによる事故が起きないように，仕事の管理を適切に行うことが大切である．

1．スタートアップ準備は

　可燃性ガスや原料の導入や点火操作などに先立つ準備については，事前に安全な状態であることをリストをもとにヒアリングなどで確認する．事前準備は工事終盤ではまず工事部門の工事完了確認や残工事リストで確認することから始まる．ラインや設備については工事の有無にかかわらず最終的な確認が必要である．

　① 工事箇所や検査を実施した機器について系の気密テストを実施する．工事がないからという理由で気密テストを省略したままでの系のスタートアップで火災に至った例は多い．

　② 系のラインアップをしていく中で，P&IDを用いて，末端やドレンラインでバルブ止めになっている部分にキャップやプラグ，エンドフランジの取付けを行う．さらに安全関係の表示取付けを確認する．

　③ 工事用仕切り板，運転用仕切り板を外した後，必ず総合気密テストで確認する．

　④ 安全設備の機能，定期修理中の各種テストや機能のチェック，分散型計装

Q64 工事後のスタートアップ準備は　　　　　　　　　　　133

システム（DCS）のアラーム設定，インターロック設定をリストで確認する．
⑤ 停止操作や事前準備に用いた仮設配管や不要資機材を撤収する．
⑥ 窒素パージの必要な系は窒素の流れやデッド部に注意してパージ手順を決め，適切な酸素濃度測定箇所を注意して定める．
⑦ 新設した弁のバルブグランドの締付けを確認する．パッキンのグリースが抜け，体積減少して緩くなると，漏れトラブルを起こしやすい．
⑧ ポンプなど駆動機器の運転準備の終了確認をする．
⑨ 最新版として確認，承認されている試運転計画や初期流動管理計画を関係者に周知する．
⑩ 運転課内でスタートアップ準備の体制や責任者を決めた上で計画に沿って進める．定常運転移行の最終段階はシフトに移管する．

ポイント

◆ スタートアップ準備では，最終的に漏れ確認を気密テストで確実に実施する．
◆ P&ID を用いてライン末端やドレンノズルにキャップやプラグを確実に取り付ける．
◆ 安全設備，アラーム設定，運転計画など全ての準備内容をリストに基づいて確認する．

こんな事例が

● ある製油所で，定期修理後に工事がなかったラインの気密テストが省略され，そこのドレン弁が微開のままであり，さらにキャップの取付けも抜けていたため，スタートアップで内部流体が漏出し火災事故となった．スタート前準備の不足から事故になった事例である．

コラム：赤玉，白玉論

1990年代早々の頃，ある工場地区の環境安全の責任者をしていたときにたて続けに保安事故が発生した．そして終に大きな火災が発生し工場が全焼する大事故になった．そのときに先輩と称する人から「貴君は運が悪い．前任者はずっと事故がなかった．抽選の白玉は前任者が皆引いたので，君は赤玉を引き続けなければならないよ」とメールがきた．その後，建直しに取り組み，現場の教育・指導の強化，安全管理の仕組みや監査およびチェック方式を改善して赤玉減らしを進め，なんとか後任者が赤玉を引かないですむようにレベルアップを図った．

現場の責任者は，今事故がないのはほんの偶然と考えなければいけない．安全対策に向ける力を抜けば，確実に赤玉は増えていく．

Ⅳ　運転と設計のかかわり

Question 65 ライセンサー指針への運転部門の対応は

Answer

ライセンサー指針の解釈などで，自社の長年の運転経験と異なることで悩む場合が必ずあり，双方尊重しながら協議していく姿勢が必要である．

1. ライセンサー指針に対しては

ライセンサー指針には，プロセスデザインや触媒，基本P&ID，特殊機器などに関しての意図や説明が述べられている．それに対しては，ユーザー使用実績などを尊重した上で，守るべきもの，変更すべきものの慎重な選択が必要である．

① ライセンサー指針は世界共通的な内容
   世界規模のライセンサーは，「全世界でこのマニュアル，指針で問題なく運転している」という認識が強くある．

② ライセンサー指針などは設計や試運転までに照査・確認・改訂
   プロセス選定，基本設計段階で，大部分の基本P&ID，ライセンサーマニュアルやリコメンデーション事項は明確となり，この段階で自社の設計思想や運転思想などとのすり合わせを行う．
   P&IDの変更については，図面に明示し，文章化する．

③ 試運転までに確定したライセンサー指針は順守
   当初の運転でユーザーが勝手に指針内容を変更することは危険であり，試運転とファーストランから初回の定期補修工事までは，よほどのことがない限り基本的な運用は守らねばならない．

残った問題点は検討事項として記録に残しておき，運転実施後に一連の指針の再照査，改訂時に検討と調整を行う．ライセンサー指針からの逸脱によるトラブルは多く，責任問題も複雑となる．
④ 指針やリコメンド事項は原文を技術資料などに保存し整理しておく．
最新版は，誰でも見られるように整理して保存する．
⑤ 海外ライセンサーの場合，指針などは，自分たちの言葉，文章として専門家のチェックを受けて，日本語をつくっておく．
⑥ 自社の運転思想や社会通念から異質なものは協議し，双方協力して解決する．

ポイント

◆ライセンサー指針は基本的に順守した上で，自社の思想などとすり合わせを行い，変更決定部分は設計や試運転までに変更する．

こんな事例が

●ライセンサー指針の忠実な実施例として，自社初の分解反応プラントの触媒層に設置する温度計の精度が厳しく要求された．そのため建設時，現場にオイルバスを準備し，触媒層に設置する温度計の検出端をオイルバスに浸し，計器室に表示される温度と照査する方法を実施した．多大の労力と費用を必要としたが，発熱反応を伴う反応塔では重要な対応事例であった．

Question 66 プロセス設計への運転部門の参画，関与とは

Answer

　プロセス設計段階で開発部門やライセンサーおよびエンジニアリング部署に対して，運転部門からの操作性や緊急時対策の経験をいかに反映できるかでプロセス全体としての安全性のレベルも決まってくる．ここではその例を下記に示す．

1．プロセス設計に対する運転部門からの確認，提言項目例は

① P&ID，プロセスフローダイアグラム（PFD）のチェック
　平常運転時や停止操作時および緊急時のブロック範囲など細部まで運転員の目で点検する．ドレン，ベントの適性位置，バルブのタイプ，ポンプ周り配管や計装機器配管などが適確であるかを確認する．

② 連続運転での安全性
　装置や機器が長期運転で汚れてくると，思わぬところで安全性が脅かされる．圧力計やスキン温度計などが適切に配置されているか，または設計温度・圧力の運転条件に対する余裕度が適切かなどについて議論し，運転部門も設計部門も納得する設計内容でなければならない．

③ エマージェンシー対策
　原料喪失，用役喪失，機器故障，制御障害などの乱れなどの諸モードで，シャットダウンポイントが明確となっていることが必要である．
　また，緊急停止入力や出力の考え方，実ループが適性かを照査する必要がある．緊急停止方法は可能な限りその方法を限定し，できれば一つの方法

でパターン化できるとよい．

④ 取扱い物質の危険性
　危険有害性カード（イエローカード）で確認が必要である．危険性が大きいものは実際に取り扱っている現場を訪問して特性や取扱い留意点を確認することも有効である．

⑤ リスクアセスメント（HAZOPなど）
　プロセスの安全性を確認する手段として有効である．変化の影響度合い，検出手段の有効度などを確認したり，冗長化や信頼性アップを図るなど，いろいろな思考や検討が必要となる．最初は疑問点・問題点を多く出すことが肝要である．

ポイント

◆運転部門もP&ID，PFD，連続運転性，エマージェンシー対策，リスクアセスメント（HAZOPなど），取扱い物質などの質問，確認，提言は必ず行わなければならない．

こんな事例が

◉ある製油所で，新設プラント計画のP&IDチェックで水素化反応系の高温部に安全弁がついており，運転部門の経験などから高温・高圧部では非常に危険性が高く，水素張込み系の低温部に移設することを提案した．種々の検討の結果，提案通り採用され，安全弁作動時のフレアーシステムの損壊による大災害を予防することができた．海外の設計であったが，運転部門内のP&ID検討会でこの問題点が発掘・提起された好事例である．

Question
67 設計への要望や問題提起はどのように

Answer

　化学プラントの設計や建設には会社全体での知識や経験も総動員する必要がある．そのため設備を安全に稼動させて管理する運転部門の納得がいく検証が重要である．

1．設計側の事情は
　現在の海外プロジェクトやエンジニアリング業務では，プロセスの経験者の減少によって，過去の失敗事例やトラブルの対応経験も少なくなっている．今後は運転側が必要とする詳細な情報を，設備設計仕様の中に明示しておくことが大切であろう．

2．運転側の事情は
　設計側と同じように，個人の知識や経験に頼っていた部分への対応能力が少人数化・高齢化により質的にも量的にも低下している．失敗や事故経験も含めた実践の機会が少ないため，計画，設計，施工などでプロセスや設備，システムに強い運転技術者の育成が急務である．

3．運転を考慮した設計配慮は
　① 設計の内容は，計画時点から運転側にも伝達され，基本仕様書などが関係者に回覧され，基本設計，詳細設計，建設・改造へと工事が進んでいく．運転マネージャーなど事業所側では，過去の経験や失敗事例，運転員の少数化，連続運転期間の長期化を背景にした設計への計画照査や各種問いかけ，提案が重要である．

② 運転側の質問などが設計側に新たな設計の視点を導き出し，設計の質を高めることとなる．プロジェクト進行の各段階で相互の意図，疑問，知識を出し合い，協議していくことで，安全で運転性に優れた設計や運転方法が生まれるのである．
　双方が情報を共有すべき項目には下記のような例がある．
　　・夜間操作としてのシャットダウン操作内容
　　・他の装置との緊急時における関連性
　　・ボードマンと現場担当オペレーターの人数と操作内容
　　・運転中工事における機器の切り離しと工事内容
　　・事業所の安全基本方針と設計方針の統一

ポイント

◆運転部門からの設計内容に関する問いかけ，提案，計画の照査が重要であり，それが設計の質を高めることとなる．

こんな事例が

●世界的ライセンサーからある運転方法について複雑な指針が示された．あまりにも複雑な運転手法であったため，運転部門であるわれわれとライセンサーとで十分話し合い，分散型計装システム（DCS）や安全施設，自社の運転概念と運転方法を十分説明し，従来と同質の安全を確保できる新運転指針を作成することができた．その結果運転段階に移行後も違和感のない運転ができた．

コラム：事故発生の予言

工場地区の環境安全の責任者に任命される少し前に，長い間海外工場建設に携わっていた人が帰国し関係会社の社長となって赴任してきた．食堂で一緒になったときに「今の状況はよろしくない．これから環境安全の責任者は大変だね．事故対応で追われるようになるな．」といわれ，その理由を尋ねたら，「理由は簡単．私の過去の経験と勘で明確にわかる．」といって以下の視点をあげた．

① 安全管理責任のブレの有無，安全を自分の仕事として真剣に取り組む責任者の存在の有無

② 工場修繕費，維持投資の景気による安易な変動

③ 3S（整理，整頓，清掃）の乱れ，トラブル・労災の原因追究不完全

その後，その予言通り大きな火災事故が発生し，事故対応で追われることになった．

Ⅴ　地震と安全対策

V　地震と安全対策―地震被害と耐震設計，安全対策―

Question
68　今までの地震でどのような被害があったのですか

Answer

　過去の地震災害における石油コンビナートの被害事例は以下に示す通りで，地震動が直接影響するだけでなく，「液状化現象」あるいは地震に伴う「津波」などによる被災も多い．さらに二次的な現象として「火災」「ガスや危険物などの大量漏洩」などが発生している．

- ・1964年6月　　新潟地震（M7.5）　製油所の石油タンクなど火災
- ・1978年6月　　1978年宮城県沖地震（M7.4）　製油所から重油流出6.8万kL
- ・1983年5月　　日本海中部地震（M7.7）　発電所原油タンク火災
- ・1995年1月　　兵庫県南部地震（M7.2）　タンク側壁座屈やLPG漏洩
- ・2003年9月　　2003年十勝沖地震（M8.0）　浮き屋根式タンクの全面火災
- ・2011年3月　　東北地方太平洋沖地震（M9.0）　LPGタンク群火災，石油・化学工場の破損・漏洩・操業停止（Q72で詳細説明）

　地震災害事例として，特に装置産業に被害をもたらした代表的地震の被災例を以下に示す．

1．新潟地震（1964年6月16日）

　新潟県粟島沖を震源とするM7.5の地震で新潟市は震度6が観測された．この地震では，砂地などでの液状化現象による被害が目立ち，4階建のアパートがそのまま傾き倒れるなど，液状化現象で大きな被害を引き起こしたことが特徴的であった．製油所では，地震により原油タンクが傾き，スロッシング現象で原油が溢れ出て大火災になった．原油タンクは12日間にわたって炎上し続け，周辺にも延焼して民家約300戸ほどが焼失した．

　また，1,200 kLのLPG球形タンク2基が火災となり一部支柱も座屈し，製油所全施設が被災した．

図 1　重油・水・火災に襲われた無人の住宅街（臨港 2 丁目 17 日）
（新潟市提供）

2．1978年宮城県沖地震（1978年6月12日）

　宮城県沖でM7.4の地震動が生じ，仙台市などで震度5が観測された．この地震では主要都市が地震の直撃を受け，ガス，水道，交通網などのライフラインに甚大な損傷が生じた．製油所ではタンクの沈下や底板亀裂により重油が漏洩し，68,160 kLが海上に流出するという事態が起きた．

3．兵庫県南部地震（1995年1月17日）

　神戸気象台などにおいて震度6が観測されたが，現地調査により淡路島の一部から神戸市，宝塚市にかけて震度7の地域があったことが明らかになった．各施設の被害は，強い地震動による施設の倒壊や破損，地盤の液状化による基礎の損傷など多方面にわたり，生産機能停止など，過去に例をみない規模であった．特にあるガス施設では，地盤の液状化に伴う沈下や側方流動によりタンク直近の配管基礎が変位したが，タンク基礎が杭であったためタンク側がその変位に追随せず，フランジ部から高圧ガスが大量に漏洩し，住民の緊急避難もなされた．
　この地震では特に配管が衝撃により溶接部やフランジ部に亀裂が生じてガスの大量噴出を起こしやすいことを示しており，衝撃が集中しそうな箇所の対策としては，タンクと同一の基礎としたり，沈下防止の基礎の強化や配管固定部の強度強化・補強が重要な対策となることが指摘された．

4．2003年十勝沖地震（2003年9月26日）

　釧路，厚岸などで震度6弱を広い地域で観測した．この地震により北海道内各地の数多くの大型石油タンクに被害が発生し，そのほとんどはスロッシング

図2 通商産業省「兵庫県南部地震に伴うLPガス貯蔵設備ガス漏洩調査中間報告書」平成7年5月（高圧ガス保安協会）

（液面揺動）を発端とするものであった．特に，苫小牧西港南岸の製油所では，2基の石油タンクから火災が発生した他，7基のタンクで浮き屋根が沈没した．火災が発生したタンクはいずれも3万kLタンクで1基はリング火災，1基は全面火災となった．

浮き屋根の沈没の原因は，スロッシングにより浮き屋根の浮き室やデッキ板が損傷を被るなどして，浮力を失ったためである．地震により浮き屋根式石油タンクで浮き屋根が沈没するという被害が発生したのはわが国では初めてであり，わが国における浮き屋根式石油タンクにおける全面火災は，1964年新潟地震以来39年ぶりのことであった．

この地震は合成加速度としては86ガルであったが，地震動としては3～8秒のやや長い長周期の速度応答値であり，速度応答スペクトルは従来基準の100 cm/s（カイン）を2倍近く上回った．そのためスロッシング高さは3万kLタンクで最大2.9 mと推定され，側板をオーバーした．また10万kLの原油タンクでは1.1 mと推定された．全面火災を起こした3万kLのナフサタンクは当初，ポンツーンが一部破壊され沈下したため泡シールを行ってシールしていたが，強風などでシールが切れ，シール剤の水滴の沈降帯電によりスパークが発生し着火し全面火災となったと推定される．この事例により，大容量泡放射砲の必要性が認められ全国の基地に配備されることになった．

Q68 今までの地震でどのような被害があったのですか　　　*147*

図 3　火災が発生した石油タンク（苫小牧市消防提供）

Question

69 設備の耐震設計は

Answer

　設備の耐震設計とは，設備が地震によって揺り動かされても，設備の破損や内容物の漏洩を防ぐように設計することであり，危険物や高圧ガスを大量に取り扱う化学プラントでは重要な設計である．

1．縦型の塔は

　背が高い機器であり，地震の揺れにより弓状にしなる動きとなるため，高さで揺れの違いを考慮する設計が必要になる．

- ・高さが 20 m 未満では静的震度法
- ・それ以上の高さのものでは動的解析

動的解析には修正震度法とモード解析法があるが，固有周期が比較的長くなる軟弱地盤ではモード解析が必要となる．

2．平底円筒形タンクは

　内容物の動きにより側壁に作用する圧力に対する設計が必要になる．やや長周期成分の地震動により発生するスロッシングに対する設計も必要となり，2003 年十勝沖地震により，スロッシング高さ，ポンツーンの

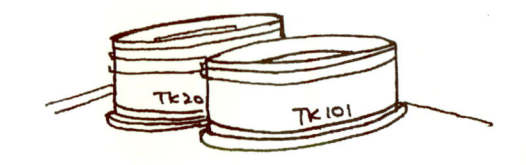

強度設計を強化する規定が拡充された.

3. 球形タンクは

内容物の重量が支配的であり,柱脚の根元は転倒モーメントではなく,せん断応力の設計が重要である.

特に,東日本大震災で千葉県の製油所のLPG球形タンクの事故では,100ガルの揺れが長時間続き,水張りで満水の球形タンクがまず座屈して回りの配管を破壊して火災が起きた.

4. 配管は

地震時,配管の揺れは設備や架構の揺れに支配されるため,複合的な設計が必要になる.1995年兵庫県南部地震において,配管フランジからLPGの大量に漏洩した.そのため配管の重要度に応じて液状化や側方流動などの地盤変状に対する設計が拡充された.

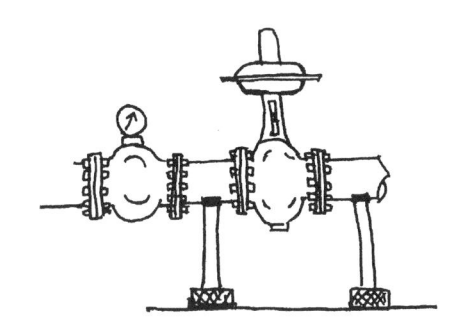

Question 70 大型タンクの耐震設計と安全対策は

Answer

大型タンクの設計内容には，構造設計のみならず安全設備の設置・防消火設備や油流出防止対策など以下のような設計が必須となっている．

1．耐震設計は

① タンクは，一般に供用期間中に1～2回程度発生する中規模地震動（地表面の最大水平震度0.3 G）を想定し，タンク本体各部に変形させないように弾性設計を行っている．

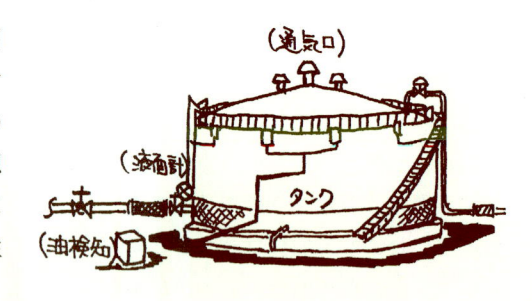

② 大規模なプレート境界型地震など大きな強度をもつ地震動（地表面の最大水平震度0.45 G）を想定し，底板浮き上がり時のアニュラ板に若干変形は残っても破断しないように留意した終局強度設計を行っている．

③ 一方，浮き屋根式タンクのスロッシング現象について，2～10数秒のやや長い周期成分を多く含んだ長周期地震動に対しては，速度応答スペクトル法などによる評価を行い，最大液面揺動高さでもタンク頂部から溢流しないよう必要な空間高さを確保しなければならない．またポンツーンの強度の強化も図られるようになった．

2．油流出対策は

① 防油堤

タンクの周囲には，貯蔵タンクの容量の110％以上の容量の鉄筋コンクリートまたは盛土などによる防油堤を設けている．

② 漏油検知

排水枡を設け，排水枡に浮べたフロート式のセンサーにより油流出時の

導電率の変化を検知して漏油を検出している．

3．防消火設備は

① 消火設備

消火用原液を水溶液としこれを発泡器（エアフォームチャンバー）で空気を混入し発生した空気泡によって消火を行う．固定屋根式タンクでは内表面の全面火災を想定し，浮屋根式タンクでは屋根の外周部に設けられた堰板（フォームダム）と側板に囲まれた環状部分のリング火災を想定して消火設備の数量を決めている．

② 散水設備

隣接タンクが火災になった場合，輻射熱によってタンクの温度が上昇するのを防ぐために，屋根および側板にノズルにより均一に $2 L/min/m^2$ で散水できる設備を設ける．

4．放爆構造は

固定屋根式タンクは，側板上部のトップアングルと屋根板との接合部をタンクの他の接合部よりも相対的に壊れやすく設計し，内圧が異常に上昇した際に屋根部が最初に破壊してタンク全体は破壊しないように設計している．

Question 71 石油コンビナートの防消火能力は

Answer

　石油コンビナートなどの工場群では，1975年に石油コンビナート等災害防止法（以下「石災法」）が制定されて以来，特別防災地域での災害に対し，各企業・工場はつぎに述べる一定以上の防災体制と防災能力を保有することとなった．

1．石災法にかかわる工場の防災体制と防災設備能力は

　石災法では国内に33道府県86地域の特別防災区域が指定され，そこに第一種および第二種あわせて670の特定事業者があり，これらに対し，防災組織の設置と防災設備能力を義務づけている．
① 特定事業者は特定事業所ごとに自衛防災組織を設置
② 防災設備能力として，大型化学消防車，大型高所放水車および泡原液搬送車（以上石災法3点セット）や，大型化学高所放水車，油回収船などが配備されている．

2．広域共同防災組織と大容量泡放射システムは

　2003年の十勝沖地震での浮屋根式屋外貯蔵タンクの全面火災を契機に，直径34m以上の同型式タンクを有する特定事業所に対して大容量泡放射システムを配備することが義務づけられた．
① 広域共同防災組織
　政令により全国を12のブロックに分け，所在する特定事業所が共同して広域共同防災組織を設置し，大容量泡消火システムをブロックごとに配備することになった．
② 防災設備能力
　大容量泡放射システムの基準放水能力は，浮屋根式屋外貯蔵タンクの直径に応じ，毎分1万～8万Lとされ，120分以上連続供給可能な設備が必要とされる．これは石災法3点セットの3～10倍の泡放射が可能な設備と

なる.

　一般的なシステム構成は，取水ポンプ，送水ポンプ，泡消火薬剤，混合装置，大容量放水砲などの資機材となり，それぞれの資機材には政令により定められた防災要員を配置する．

こんな事例が

● 2003年9月26日の十勝沖地震（M8.0）で，浮屋根式屋外貯蔵タンクに全面火災が発生したが既存の防災設備（石災法3点セットなど）では消火できず，44時間炎上した後燃えつきて鎮火した．火災発生の原因の一つに既存の泡消火剤でのシールが強風などの影響で完全にシールできなかったことが影響している．大型タンクの全面火災の場合，泡消火剤は大量にかつ短時間のうちに集中して放水する重要性が認識され，この事例により国内での大容量泡放射システム導入のきっかけとなった．

（写真は深田工業（株）より提供）

Question

72 東北地方太平洋沖地震の被害状況は

Answer

1. 東北地方太平洋沖地震（2011年3月11日）の概要は

　この巨大地震の震源は牡鹿半島の東南東130 km付近，深さ24 kmでM9.0,断層の大きさは長さ450 km,幅200 kmの範囲ですべりが生じた．宮城県北部で震度7,東北太平洋側で震度6強,岩手・埼玉・千葉の東側で6弱であった．
　さらにこの地震により関東以北の太平洋沿岸に大津波が襲来し，岩手県野田村から宮古にわたる40 kmの沿岸線5カ所で高さ30 mを超える津波となった．東北地方太平洋沖地震よる被害は死者・行方不明者あわせて2万人近くとなり，かつ福島第一原子力発電所での水素爆発と放射能漏洩が起こり，長期にわたり多数の住民避難を余儀なくされた．

3月11日15時47分頃　地震発生直後のLPGタンク火災写真

2．石油・化学コンビナートでの被災状況

石油・石油化学関係でも，千葉県や宮城県などにおいても大きな被害があった．

① 千葉県のある製油所

　ある製油所においてLPG施設で17基もの球形タンクが爆発・炎上した．この製油所での地震の加速度は100ガル程度であったが振動時間が長く，水張中の球形タンクがまず座屈し，配管を大きく破損してLPGが大量に漏洩し，着火してつぎつぎと球形タンクに延焼していった．このLPGタンクではBLEVE現象により発生したと思われるファイヤーボールも見られた．

② 宮城県のある製油所

　ある製油所においては地震動と津波による冠水で製油所全体に被害が発生し，陸上出荷施設の配管の一部から火災も発生した．また，津波による避難勧告で2階や高所に避難していたため人的被害は起きなかった．

③ 茨城県，その他の地域の工場

　茨城県の製油所と石油化学工場が津波と液状化により配管など設備の被害を受け長期の操業停止となった．

Question 73 大規模地震想定と今後の災害対策は

Answer

　日本の災害対策は，1995年の兵庫県南部地震での大きな被害を受けたことから，地震対策特別措置法が制定され，中央防災会議や地震調査研究推進本部が設置された．しかし，東北地方太平洋沖地震による大規模地震と津波の影響が想定を超えて非常に大規模であったことから，国も民間企業も大規模地震対応の抜本的見直しに迫られている．

1. 従来の大規模地震の想定は

　中央防災会議が大規模地震想定を行ってきており，首都直下地震と東海地震について今までの想定内容は以下の通りである．

① 首都直下地震

　想定は海溝型のプレート境界の地震（M7.3）が近い将来発生の可能性があるとされ，死傷者が最大となるケースは都心西部地震で約13,000人であり，建物被害最大となるのは東京湾北部地震で約85万棟と想定されている．

② 東海地震

　海溝型の地震想定であり，1854年に発生した安政東海地震（M8.4）から現時点で155年経過しており，切迫性が高く津波が発生するとされている．被害最大ケースは死傷者が約7,900～9,200人，建物被害は約23万～26万棟と想定されている．

2. 石油コンビナートにおける地震火災の特徴

① 同時多発

　他の災害と異なり同時に複数の個所から発生する恐れが高い．
　大規模地震の場合，同一構内で多くの設備や建物が同時に被災するために複数の個所から同時に出火する危険性がある．

② 各種危険物や可燃性ガスが多量に存在

石油コンビナートには多量の危険物やLPGなどのガス，あるいは人体に有害な毒性物質も多くあり，これらが漏洩・流出すると，火災が発生，延焼して大規模で長期間の火災となる可能性がある．

また，その中に急性の毒性物質が多量に流出した場合には大きな人的被害の発生が危惧される．

③ 消防機能の不足

いったん大規模な火災が多数の場所で発生すると，各事業所の自衛消防による消火能力だけでは不足し共同防災や公設消防の応援が必要となる．しかし，多数の個所でかつ構内だけでなく，一般住民の建物などでの大規模火災の発生もあるので，到底援助は不可能にならざるを得なくなる．

④ 停　電

大規模地震では公共電力が停電となる可能性が非常に高く，石油コンビナートへの電力供給は長期間停止されることが予想される．コンビナート内での非常用電源も長期間の火災事故に耐えうる能力には限りがある．陸上からの燃料供給は道路被害もあり難しく，海からの補給や船からの消火用海水の放水といった限られた対応しかなくなる可能性が高い．

3．今後の大規模地震の想定と災害対策は

① 今後の想定

今回の東日本大震災ではM9.0で津波高さ30mを超える大規模なものであった．今後はM9以上の海溝型大規模地震や東海・東南海・南海の3連動大規模地震も想定される状況である．

② 東日本大震災からの教訓

想定外は許されない．想定範囲について限界を設けることに判断の誤りがあった．福島第一原子力発電所事故もその一つである．

サプライチェーンの途絶が極めて幅広い業種や中小企業にまで起き，またライフラインが寸断されたことである．

地震の範囲が広く，津波の影響や放射能の影響まで関係したことから，調達・配送不可能な地域が非常に多くなり，その実態すら把握できなかった．

③ 今後の災害対策

人命安全への取組みの見直し．被害想定も含め建屋の耐震性，避難対策，帰宅困難者対策の見直しが必要である．

事業継続計画（BCP）の見直しによるリスクマネージメント対応の強化が重要である．被害想定に基づく残存経営資源の集中と全社対応のあり方の検討が必要であろう．

サプライチェーンの把握とその確保，さらにはライフラインの確保に対して，企業トップの社会的責任が問われる可能性があり，確固たる対策が必要である．

コラム：裏マニュアル

　各工場には基準，マニュアルが整備されて，順守の徹底が叫ばれ，トラブル時には機器を停止して処置をするように定められている．しかし，一度止めると再スタートに手数がかかる設備もあり，ある工場では，現場オペレーターたちが長いピアノ線の先に処置のできるフックをつけた治具を無断でつくり，管理者には内緒で裏マニュアルにより止めずに処置をしていた．ところが，そのピアノ線が機械に巻き込まれて急激に引っ張られ，作業中のオペレーターの掌の肉に食い込んで負傷する労災が発生した．

　設備はトラブル処置が容易に短時間で実施できるよう設計する必要があり，運転後も現場の声をよく聞いてつねに改善に努める必要がある．また，管理者は現場をよく見て基準と違う操作が行われていないか目を光らせなければならない．

用語解説

ア 行

アウトリガー
　クレーン車などで転倒防止のため，4足の突き出した装備．

アースボンディング
　静電気を大地へ逃がすための行為・設備をいう．接地ともいう．

アローダイヤグラム
　作業の流れや操作手順を順番に矢印で示したフロー図．

アンローダー弁
　圧縮機の容量制御のために圧縮が行われなくする弁．

活きプロセス設備
　運転中の設備で，停止して工事する対象ではない設備．

インターナル組込み
　トレイなどの内部品を正規に組み立てる作業．

ウエス
　清掃などのために用いる布切れ．

ウォーターハンマー
　水の流れを急激に遮断したときに起きる衝撃波．

エアラインマスク
　酸欠や有毒ガスの環境に対して人命保護のために空気圧縮機や空気ボンベから空気が送られるマスク．

エマージェンシー対策
　いろいろな緊急事態になったときに，危険を回避するためのそれぞれの対応策．

MSDS──→物質安全データ

エンドフランジ
　配管の末端を溶接で蓋するのではなく，取り外せるようにした板フランジの蓋．

オイルハンマー現象──→油撃

オーバーフローセンサー
　タンクローリーに製品が過剰に積まれてこぼれだすのを防止する液面検知器．

オリフィス
　絞り機構をいう．

オンザジョブトレーニング
　先輩が後輩に具体的仕事を通じて知識・技術・技能などを修得させること．

カ 行

ガスケット管理
　機器などのフランジに使用するガスケットの型式，寿命，品質，記録などの管理．

カスケード制御
　複数の計測器を連動または参照して制御する方法．外乱に対する応答が効果的に改善される．

逆止弁（チェッキ弁）
配管内の流体がある方向から逆方向に流れないような機能をもった弁．

キャビテーション
ポンプ内などの流体の流れの中で圧力差により短時間に泡の発生と消滅が起きる現象．

空気ボンベ（ライフゼム）
酸欠や有毒ガスの環境に立ち入るさいに使用する呼吸専用の安全機器．

くすぶり燃焼
加熱炉内などで不完全燃焼炎が発生しない燃焼状態．

クリアランスポケット
容量制御の一つでシリンダーの圧縮室の隙間容積．これを増減させて実質的な吐出容積を制御するためのもの．

計装ループテスト
制御用の計装システムの中で検出から作動まで正しく信号が伝わるかどうかテストすること．

ケブラー
芳香族ポリアミド系樹脂で非常に引っ張り強度の強い樹脂．

コンルーフタンク
貯蔵タンクの型式の一つで屋根の形状が円錐形の固定屋根のタンク．

サ 行

サポートラグ部
配管が支持台や梁から脱落しないための外れ防止板の部分．

自己反応物質
熱的に不安定で酸素（空気）がなくても強い熱的分解を起こしやすい物質．

実液張り
実際に使用する油や化学製品の液体を容器に張り込むこと．

実ループ
緊急停止のシーケンスが作動するさいの実際の制御手順や作動順位のシステム．

シフト
交代勤務のグループや班，直．

シフト長
交代勤務グループの長，責任者．

シャットダウンポイント
異常時，緊急時に装置を停止するために設定された温度，圧力その他運転条件や状態．

恕限濃度
有毒ガスなどで人間に対して生活上越えてはならない濃度．

シールガス
タンクや配管などで爆発混合気を形成させないために導入する不活性ガス．

水幕設備
プラントなどで火災や漏洩部分と分離するため幕状に散水する設備．

スイングステージ
製品をタンクローリーに充填する人がローディングアームを操作する場所・エリア．

スキン温度計
加熱炉チューブや重要機器の表面の温度を測定する温度計．

スタートアップ工程
　装置に原料を張り込み製品をつくり始める作業手順を表わした工程．
スチーミング
　水蒸気を導入して清掃すること．
スチームトレース
　プロセス配管に水蒸気の細い配管を沿わせて加熱する設備．
スチームパージ
　蒸気を配管などに導入して内部のガスを置換すること．
ストップルック
　不安に思ったさいに行動や操作を一旦停止して，再確認すること．
スナッバー
　脈流を防止するための圧縮の各段に設置された容器．
スピルバック弁
　往復動コンプレーサーにおいて吐出流量を一定にするため吐出流量の一部を吸引部へ循環させるための弁．
スプール図
　配管等を斜めから見た図面で三次元的に表したもの．
スロッシング現象
　地震の横揺れでタンクの油が共振してユサユサ揺れる現象．
スロッシング高さ
　地震によるタンクの貯蔵液面の揺動高さ．

製品在庫繰り
　製品の在庫の積み上げや調整．

タ 行

ターニング
　動機械の回転体を低速で回転させること．軸のバランスと均一に回転することを確認する．
ダブルブロックブリード
　高圧流体の配管に低圧の窒素などを接続するさいに，バルブは2個つけてその間はベント（又はドレン）バルブをつけて開放しておく接続法をいう．
タンクコーティング
　タンク底板内面や側板下部に塗られた重防食塗装．

チェッキ弁──→逆止弁

ツールボックスミーティング
　作業前に事故を未然に防ぐための連絡や危険を予測し，指摘する事前打合せやミーティング．TBMともいう．

ディスタンス室
　シリンダー装置とクランク室との間に設ける室．
デコーキングエアー
　加熱炉チューブ内に堆積したカーボンを燃焼させて取り除くさいに使用する空気．
デッド部
　配管等の行き止まりとなる部分や堆積して動かない部分．

トリップ端
　緊急停止や緊急動作を作動させる最終

的な部位・機構.

トレイロード
　蒸留塔の濃縮部と回収部のトレイにおける時間当たりの蒸発流量と液流量.

ドレン
　凝縮した水や系外に排出する流体や廃液.

ドレンアウト
　凝縮した水や廃液を系外に排出する操作，作業.

トレンド
　経時的なデータや時間的変化.

ナ　行

ノウホワイ
　何故行うか理由，背景を知ること.

ノックアウトドラム
　圧縮機の吐出側にある容器. 気液分離や脈流防止のためにある.

ハ　行

配管計装線図——P&ID

バイパス行為
　本来の操作手順の一部を省略する行為，行動.

破砕作業
　ミルなどにより固まりの固体から微粒子の状態に砕く作業.

パージ
　窒素などの不活性ガスでプロセスガスを入れ替える操作.

パージガス
　プロセスガスを入れ替える操作に使う窒素などの不活性ガス.

HAZOP
　ガイドワードを用いて，システマティックにパラメータの設計，運転意図からのずれを想定して危険事象を解析する手法. Hazard Operability Studyの略.

バーナーチップ交換
　加熱炉の各バーナーの先端にある燃料噴霧口で，詰りや磨耗が生じると交換する.

パフォーマンス管理
　運転状態や性能をいろいろな指標で示し，管理すること.

バルブグランド
　バルブの弁棒にシール用パッキンを充填している部分.

反応缶
　化学反応を起こさせる筒や槽，釜. 反応器，反応槽ともいう.

反応缶冷却ジャケット
　反応缶を外部から加熱又は冷却する方のコイルや二重構造の流路.

P&ID（配管計装線図）
　Piping and instrumentation diagram. プロセスの管路内の流れおよび制御する計器やバルブなど全てを記載した線図.

PDCA
　Plan（計画）→Do（実行）→Check（評価）→Act（改善）の4段階を繰り返すことで継続的に改善すること.

ファイヤーボール
　可燃性ガスの蒸気雲が爆発時にできる巨大な燃焼の塊.

用語解説

ファーストラン
　プラントの建設が終了して初めて実際の運転をすること．

物質安全データ（MSDS）
　化学物質やその原材料などを安全に取り扱うための必要な情報を記載したもの．

フランジ
　配管で弁など部品をつなぐさいに使われる円盤状の部品で，シール材にガスケットを使用しボルトで締め付けて接続する．

フランジのクリアランス
　フランジとフランジの間隔．適正寸法で均一でなければならない．

ブリーザーバルブ
　タンク内の液面の上下や気温変化などで生じるタンク気相部の正圧・負圧の変動を防ぐ弁．

ブリーザーバルブサイズ
　一定の圧力を保持するためのブリーザーバルブの口径．

ブリーダー
　タンク屋根に取り付けられた吹出し・吸込みの機能を有するバルブの総称．

篩分設備
　粉体や粒子を粒子の大きさごとに分ける設備．

フレアースタック
　フレアー設備の一つで可燃性ガスを燃焼して上空に排出する煙突状の設備．

フレアー設備
　緊急時にガスを放出して，安全な位置で燃焼させる設備．

ブレード
　翼のこと．タービンなどで回転エネルギーに変換する翼．

フレームアレスター
　タンクなどの内外で起った爆発等で生じた火炎を消炎する伝播防止装置．

ブロアー
　送風機のことで通常は空気を多量に送る．

分散型計装システム
　DCSなどに代表されるデジタル制御のシステム．

ペーブ
　ペーブメントのことであり，舗装した通路．

ペール缶
　鋼製ペール缶の意味で，取手のついた18〜20Lのバケツ状容器．

ベント
　気体の排出のこと．

ベントサイズ
　ガスを大気に放出するに必要な口径．

ボイルオーバー
　タンク火災で水分が低部に残留している状態で上部の油が高温となり水が瞬間的に蒸発して油とともに爆発的に飛散する状態．

ホースステーション
　プラント内で蒸気や水を使用するためのホースやノズルを置いてある場所．

ホースバンド
　ゴムやビニールホースなどを鋼管ノズルなどに接続するさいにホースを管に締め付ける専用のバンドや薄い鋼製の帯．

ポンツーン
　浮き屋根式タンクの屋根部の浮力を確保するための浮き袋となっている部屋．

ボンディング
　それぞれの機器・配管が電位差や帯電を起こさないように相互に接続すること．

マ 行

マンウェイ
　蒸留塔内部のトレイにメンテナンス用に人が通過できるように設けられたスペース．

メカニカルシール
　ポンプ内の加圧流体が回転軸（シャフト）との隙間から漏れるのを防止するシール機構．

メタルジャケット
　無機質の中芯クッションに金属薄板で被覆したガスケット．

ヤ 行

油撃（オイルハンマー現象）
　油の流れを急激に遮断したときに起きる衝撃波．

溶接ノロ（スラグ）
　溶接時や溶断時に発生し周りに付着する非金属性物質．

ラ 行

ライフゼム──→空気ボンベ

リークテスト
　漏れ確認テストをいう．窒素などを張り込んで加圧し，外部から石鹸水などをかけて漏洩箇所を見つける．

リコメンデーション事項
　プロセスのライセンサーからの指示事項や厳守事項．

リング
　金属材料をリング状に切削加工したガスケットの一つ．高温・高圧下でのフランジに掘られた溝に入れて使用する．

ロッドパッキン
　往復動圧縮機のグランド部の軸封装置（パッキン）．

ローディングアーム
　タンクローリーなどに製品を積み込むさいの排出し設備とローリーとを接続して注入する設備．

索引

欧文項目

BCP　158
BLEVE 現象　155
CMC 製造装置　71
DCS　71

HAZOP　139
know-why　8
KY　8
MSDS　44

OJT　9
P&ID　84
PFD　138
TBM　8

和文項目

あ　行

アウトリガー　123
アース　88
アース設置　52
アースボンディング　27
圧縮ガス　102
圧力放出設備　97
油流出対策　150
アメダスデータ　75
アラームカットオフ機能　68
アラーム設定　54, 133
アラーム設定値　69
アラーム対応　68
泡原液搬送車　152
安全最優先　64
安全審査　120
安全設備　78
安全の基本　4
安全文化　2
安全弁　78
安全ルール　26
暗黙知　20
アンモニア　103
アンローダー弁　56

移液　112
イエローカード　139
異常事態　62
異常措置訓練　76
異常反応　32

移送　38
1 時間最大降水量　75
位置表示板　95
一斉放送設備　126
引火性液体　110
インターロック　133
インターロック装置　79
インドボパール　79

ウエス　125
ウォーターハンマー　67
浮屋根　125
受入れ・払出し操作　58
運転限界液位　58
運転思想　18
運転中工事　108
運転パフォーマンス　82
運転マニュアル　12
運転要領　8

エアフォームチャンバー　150
エアラインマスク　60
液化ガス　102
液状化　149
液状化現象　144
液体貯蔵　40
液面制御　51
エマージェンシー対策　138
塩害　86
エンジニアリング業務　140

か　行

オイルハンマー現象　59
往復動コンプレッサー　56
大型化学消防車　152
大型高所放水車　152
オキシ塩化リン　45
オペレーター　141
オリフィス　57
オンザジョブトレーニング　9
温度制御　54
温度調整　54

海岸防護水準　75
海水飛沫同伴　86
開閉禁止措置　116
外面腐食　86
火気工事　120
火気使用　120
学習伝承　3
過酸化水素　40, 45
ガスケット管理　90
ガスケット間違い　131
カスケード制御　71
ガスパージ　89
過積載重量　99
仮設配管　118
架台接触部　86
片締め　91
可燃性残渣物　124
換気・通風　124
環境安全　104

索引

監視ミス　66
顔面シールド　52, 60
機械式ストッパー　51
危険認知　3
危険有害性カード　139
希　釈　67
技術的根拠・背景　14
キシレン　35
基本原理　18
基本事項　18
基本設計　136
基本 P&ID　136
気密テスト　132
決めたことを守る　4
逆　流　50
キャビテーション　70
教　訓　29
業務管理　3
記　録　6
緊急警報　126
緊急時　62
緊急時装置停止訓練　76
緊急時対応　64
緊急停止　50
緊急停止措置　63
緊急冷却設備　78
禁止事項　27

空気ボンベ　27
空気レジスター　48
くすぶり　124
クリアランスポケット　57
クレーン　122
クローズドシステム　66
グローブバルブ　92
訓練プラント　64

計装タップ配管　72
計装用空気バックアップシステム　79
計装ループテスト　130
経歴・履歴管理　87
ゲートバルブ　92
ケブラー　60
原因究明　28

研究開発　46
権限委譲　62
検査周期　87
検出器　72

高圧ガス　102
広域共同防災組織　152
高温流体　52
工事エリア　126
工事検収　130
工事の実施判断　108
工事リスト　130
工法・補修内容　108
5S　16
声だし確認　68
呼吸保護具　52, 60
固体貯蔵　40
ゴムホース　112
孤立・縁切り　109
孤立遮断設備　78
小分け　34
混合作業　36
コンタミ　100

さ　行

差圧型計器　70
再現期間　74
最終ラインアップ　116
最小着火エネルギー　42
最大想定風速　74
作業エリア　123
作業前危険予知　8
酢酸エチル　35
座　屈　148
砂糖粉　43
作動方向チェック　116
サプライチェーン　158
酸　化　32
酸化性液体　36
酸化性固体　36
酸欠防止　96
三現主義　4
残工事リスト　131
散水設備　151
酸素濃度　97
桟橋衝突事故防止　98

残留物排除　128

ジアゾ化　32
試運転　136
自衛防災組織　152
事業継続計画　158
始業ミーティング　22
仕切り板　96, 129
仕切り板挿入　109
軸力管理　90
資源管理　3
自己診断機能　72
仕事に対する姿勢　7
仕事の実行　7
自己反応性物質　36
仕込み　33
指差呼称　5
指示の確認　6
地震災害　144
地震動　146
しつけ　16
実行報告　6
自動起動　79
指導のあり方　18
シフト長　10
シミュレーションツール　64
締付け管理　128
遮断弁　50
シャットダウンポイント　63, 138
重機工事　122
終局強度設計　150
重合性物質　36
修正震度法　148
充　填　34
重要アラーム　84
出荷用ローディングアーム管理　98
首都直下地震　156
消火設備起動　63
蒸気雲　103
冗長化　72
省略行為　12
触媒パフォーマンス　82
信頼性　80

索　引

水害リスクマネジメント　74
水　洗　67
水　素　103
水素化　32
水平展開　28
隙間腐食　86
スケール閉塞　79
スタートアップ準備　132
スタート安全審査　119
ストップルック　5
スナッバー　57
スパーク　146
スピルバック　57
スピルバック弁　56
スルホン化　32
スロッシング　145
スロッシング高さ　58

清　潔　16
生産性　80
清　掃　16
静的震度法　148
静電気　88
整　頓　16
製品・化学物質　104
整　理　16
石災法　152
石災法3点セット　152
施工品質　128
接炎訓練　77
積極関与　3
設備管理　80
設備の重要度　80
せん断応力　148
全面火災　146
専門技術者　81

総合気密テスト　132
総合防災訓練　76
相互理解　3
操作端　73
操作要領　8
想定高潮レベル　75
即動性　78
速度応答スペクトル　146
側方流動　149

組織統率　2

　　　た　行

耐久性シミュレーション　75
耐震設計　148
帯電防止対策　27, 88
台　風　74
台風予測シミュレーション　74
大容量泡放射システム　152
高　潮　75
打撃締め　91
脱圧システム　78
脱圧・置換　52
脱　液　110
脱硫装置　55
ターニング　56
ダブルブロックブリード　96,
　114
タンク開放工事　124
タンクローリー　100

蓄熱火災　44
窒素ガス　97
着火エネルギー　103
注入速度　100
注油ノズル　100
貯　蔵　40
貯蔵タンク　58
沈降帯電　146

追加工事　130
通電帯表示　95
津　波　144
積込みトラブル防止　98
ツールボックスミーティング
　8

低温流体　53
ディスコネクト　118
ディスタンス室　56
停　電　157
適正トルク　94
手締め　91
データベース化　28
テトラヒドロフラン　39
点　火　48

169

電気エネルギー　42
電気抵抗率　88
点　検　80
電子制御機器　71
伝　承　20
転倒防止　123
転倒モーメント　148

倒壊事故　122
東海地震　156
統括責任　85
動機づけ　3
同時多発　156
動的解析　148
東北地方太平洋沖地震　144,
　154
十勝沖地震　145
トリクロロエチレン　37
トリップ機能　79
トリップレバー　79
トルエン　35
トルク管理　90
トレイロード　70
ドレン　27
ドレンアウト　66

　　　な　行

内部品の組込み管理　128

新潟地震　144
ニトロ化　32
ニトロクロロベンゼン　37
ニトロセルロース　41
入出荷業務　98
入力シーケンス　72

抜出し　33, 34

熱ひずみ　91

ノイズ対策　71
ノウホワイ　8
ノックアウトドラム　56

　　　は　行

配管識別　94

索引

配管取外し　109, 114
廃　棄　44
バイパス処置　72
パージ　110
バッチ式　32
バッテリー　79
発泡器　150
バーナー　48
バーナー元弁　49
パフォーマンス管理　82
バルブ　56
バルブシート　93
バルブセット　116
バルブの取扱い　92
波　浪　75
反応工程　32
反応熱　32

非干渉システム　71
引継ぎ　6, 24
非常用電源装置　79
ピストンリング　56
非定常操作　72
ヒューマンエラー　39
氷　結　53
兵庫県南部地震　145

ファイヤーボール　155
フィールドマン　68
風化防止　28
風化防止対策　29
風水害対策　74
吹抜け　50
吹抜け対策　112
復命復唱　65
ブタン　103
縁切り方法　114
フッ酸　61
物質安全データシート　44
フランジ　55
フランジ漏れ　90
ブリーザーバルブ　59
ブリード　118
フルハーネス型安全帯　99
フールプルーフ　43
フレアー　52

フレアー設備　78
フレアー配管　79
フレキシブルチューブ　112
プレート境界型地震　150
フレームアレスター　59
フローシート　115
プロセス設計　138
プロセス選定　136
プロセスデザイン　136
プロセスフローダイアグラム
　138
プロパン　103
粉砕機　42
粉砕作業　42
分散型計装　71
粉じん爆発　34, 42

ペール缶　89
変更管理　84
ベント　27

保安防災　104
保安4法　104
ボイルオーバー　66
防炎シート　121
防災設備能力　152
防災フローシート　77
放射性廃棄物　37
暴走反応防止　54
放爆構造　151
防爆照明　125
防油堤　150
法　令　104
法令情報　105
報・連・相　5
保温トレース　72
保護具　27, 60
保護手袋　52
保護めがね　60
ホースステーション　96
ボードマン　65
ボルトの緩み　90
ボールバルブ　92
ポンツーン　146
ボンディング　88

ま行

水置換　67
乱　れ　70
ミニマムフロー配管　50
ミニマム流量制御　50
宮城県沖地震　145
脈　動　57
命令系統　6
メチルイソシアネート　41
モード解析法　148
模擬訓練　64

や行

油圧トルク　91
油撃管理　59

用役パフォーマンス　82
溶接ノロ　128

ら行

ライセンサー　84, 136
ライセンサーマニュアル　136
ライフゼム　27
ライフライン　158
ラインアップ　132
裸　火　120

リークテスト　81
リコメンデーション事項　136
リスク　72
リスクアセスメント　139
リスクマネージメント　158
リセット管理　79
硫化水素　36
流　速　88
流体識別　94
リング火災　146, 151

ループ電源　73

劣化・損傷　80
連続運転　138
連続式　32

索　引

労働安全衛生　*104*
漏油検知　*150*

ロッドパッキン　*56*
ローリー出荷場　*89*

論理的・科学的な思考　*4*

化学プロセスの安全 1
プロセスの運転安全
― 解説・事故例と Q&A ―

定価はカバーに表示

| 2012 年 6 月 25 日 | 初版第 1 刷発行 |
| 2015 年 12 月 2 日 | 第 2 刷発行 |

監　修　　特定非営利活動法人　安全工学会
　　　　　特定非営利活動法人　災害情報センター

発　行　　みみずく舎
　　　　　〒 169-0073
　　　　　東京都新宿区百人町1-22-23　新宿ノモスビル 2F
　　　　　TEL：03-5330-2585　　　FAX：03-5389-6452

発　売　　株式会社　医学評論社
　　　　　〒 169-0073
　　　　　東京都新宿区百人町1-22-23　新宿ノモスビル 2F
　　　　　TEL：03-5330-2441（代）　FAX：03-5389-6452
　　　　　http://www.igakuhyoronsha.co.jp/

印刷・製本：三報社印刷　　装丁：安孫子正浩　　イラスト：フタツさん

ISBN 978-4-86399-150-7　C3043

田村昌三・若倉正英・熊崎美枝子 編集
　Q&Aと事故例でなっとく！　実験室の安全［化学編］
　　　A5判　224p　本体価格 2,500 円＋税

八木達彦 編著
　分子から酵素を探す　化合物の事典
　　　B5判　544p　本体価格 12,000 円＋税

細矢治夫 監修　山崎 昶 編著　社団法人 日本化学会 編集
　元素の事典—どこにも出ていないその歴史と秘話—
　　　A5判　328p　本体価格 3,800 円＋税

バイオメディカルサイエンス研究会 編集
　バイオセーフティの事典—病原微生物とハザード対策の実際—
　　　B5判　368p　本体価格 12,000 円＋税

バイオメディカルサイエンス研究会 編集
　バイオセーフティの原理と実際
　　　B5判　248p　本体価格 3,800 円＋税

電気化学会 編集
　Q&Aで理解する　電気化学の測定法
　　　A5判　224p　本体価格 2,400 円＋税

渡邉 信 編集
　新しいエネルギー　藻類バイオマス
　　　A5判　280p　口絵 4p　本体価格 4,600 円＋税

日本分析化学会・液体クロマトグラフィー研究懇談会 編集　中村 洋 企画・監修
　液クロ実験 How to マニュアル
　　　B5判　242p　本体価格 3,200 円＋税

日本分析化学会・液体クロマトグラフィー研究懇談会 編集　中村 洋 企画・監修
　動物も扱える　液クロ実験 How to マニュアル
　　　B5判　232p　本体価格 3,200 円＋税

日本分析化学会・有機微量分析研究懇談会 編集　内山一美・前橋良夫 監修
　役にたつ　有機微量元素分析
　　　B5判　208p　本体価格 3,200 円＋税

日本分析化学会・フローインジェクション分析研究懇談会 編集
小熊幸一・本水昌二・酒井忠雄 監修
　役にたつ　フローインジェクション分析
　　　B5判　192p　本体価格 3,200 円＋税

日本分析化学会・イオンクロマトグラフィー研究懇談会 編集　田中一彦 編集委員長
　役にたつ　イオンクロマト分析
　　　B5判　240p　本体価格 3,400 円＋税

日本分析化学会・ガスクロマトグラフィー研究懇談会 編集
代島茂樹・保母敏行・前田恒昭 監修
　役にたつ　ガスクロ分析
　　　B5判　216p　本体価格 3,200 円＋税

2015.12.　　　　　　　　　　　　発行 みみずく舎・発売 医学評論社